绿水青山地质科普丛书

边看边想

——黄冈大别山地质公园博物馆背后的故事

BIAN KAN BIAN XIANG

——HUANGGANG DABIE SHAN DIZHI GONGYUAN BOWUGUAN BEIHOU DE GUSHI

李江风　彭文胜　陈梦婷　万　沙　高志峰　周学武　范陆薇　唐小平　编著

图书在版编目(CIP)数据

边看边想——黄冈大别山地质公园博物馆背后的故事 / 李江风等编著.
—武汉:中国地质大学出版社,2020.8
(绿水青山地质科普丛书)
ISBN 978-7-5625-4735-8

Ⅰ.①边…
Ⅱ.①李…
Ⅲ.①地质学-普及读物
Ⅳ.①P5-49

中国版本图书馆 CIP 数据核字(2020)第 121476 号

边看边想
——黄冈大别山地质公园博物馆背后的故事 李江风 **等编著**

责任编辑:舒立霞 阎 娟 责任校对:徐蕾蕾

出版发行:中国地质大学出版社(武汉市洪山区鲁磨路 388 号) 邮编:430074
电话:(027)67883511 传真:(027)67883580 E-mail:cbb@cug.edu.cn
经销:全国新华书店 http://cugp.cug.edu.cn

开本:880 毫米×1230 毫米 1/32 字数:169 千字 印张:5.875
版次:2020 年 8 月第 1 版 印次:2020 年 8 月第 1 次印刷
印刷:武汉中远印务有限公司

ISBN 978-7-5625-4735-8 定价:48.00 元

目录

引子 …… 1

1 茫茫宇宙 浩瀚星空 …… 3

1.1 宇宙和星空 …… 5

1.2 “太阳神”的八子 …… 9

1.3 我们的地球 …… 15

2 物换星移 沧桑巨变 …… 23

2.1 气候变幻与生命诞生 …… 25

2.2 化石里“复苏”的关岭幻龙 …… 30

2.3 石头里写下的历史 …… 32

3 板块运动 大陆造山 …… 41

3.1 板块运动 …… 43

3.2 造山运动和造山带 …… 55

3.3 中国主要的造山带 …… 64

3.4 造山带上的世界地质公园 …… 71

4 巍巍大别 风景独好 …… 81

4.1 造山带上的画卷——大别山世界地质公园 …… 83

4.2 大别山之根 …… 85

4.3　漫长的大别山造山过程 …… 89
4.4　造山带的产物 …… 91
4.5　魅力大别山 …… 100
4.6　国际交流与友好往来——世界地质公园角 …… 117

5　物华天宝　生态家园 …… 119
5.1　凝固的鲜活之绿——植物标本 …… 123
5.2　定格的勃勃生机——动物标本 …… 127
5.3　多彩的四季风光 …… 132

6　科普之家　互动乐园 …… 133
6.1　地质调查攻略 …… 135
6.2　科普园地——我国的重要化石产地 …… 139
6.3　3D打印工作坊 …… 142
6.4　化石拓片体验 …… 143

7　天工开物　地质精华 …… 145
7.1　化石里讲述的故事 …… 147
7.2　珍贵的矿物 …… 152

8　人杰地灵　英才辈出 …… 159
8.1　科学巨匠 …… 161
8.2　医学名家 …… 165
8.3　革命先驱 …… 168
8.4　黄冈名人表(以年代为序) …… 170

主要参考文献 …… 177
后　记 …… 182

引子

泱泱华夏地，巍巍大别山。中华大地腹地东西绵延380km的大别山，位于华北板块与扬子板块的结合带，是全球著名的大陆造山带——秦岭－大别造山带的东延部分。这里分布着大量珍贵的地质遗迹，具有丰富的地学内涵，散发着独特的科学魅力。

为保护好大别山的珍贵地质遗迹，黄冈市人民政府于2006年启动了地质公园申报创建工作，十二年磨一剑，一步一个脚印，完成了从省级、国家级，到世界地质公园的嬗变。黄冈大别山地质公园于2018年4月17日被批准为联合国教科文组织世界地质公园，成为我国第37个世界地质公园。

在黄冈大别山世界地质公园的创建过程中，先后获得了国内外许多荣誉，如2013年8月，获评“国土资源科普基地”，2013年9月，获评“中国最美地质公园”，2017年，获评“国家国土资源科普基地”，同年，黄冈大别山地质公园博物馆在原有基础上被提升改造，于2017年7月15日完成整改后开馆，同时，被批准为“中国地质博物馆黄冈分馆”。黄冈大别山地质公园博物馆已经成为许多大专院校的第二课堂和科普实习基地（图0-1）。

黄冈大别山地质公园博物馆占地面积1300m^2，总建筑面积近4000余平方米，共3个楼层。博物馆设立了序厅、地球的故事展厅、中国的脊梁展

图 0-1　黄冈大别山地质公园及博物馆荣誉牌

厅、临展厅、巍巍大别山展厅、地质标本精华厅、大别山名人馆、多功能厅、大别山生态园、科普园 10 个展陈及活动单元。其中，一层总面积为 1327m²，除配套设施外，展厅实际面积为序厅 138m²，地球的故事展厅 452m²，中国的脊梁展厅 273m²，临展厅 105m²；二层总面积为 1357m²，除配套设施外，展厅实际面积为巍巍大别山展厅 527m²，包括大别山地貌景观、大别山形成过程、大别山魅力景观等内容，地质标本精华厅 317m²，大别山名人馆 105m²；三层总面积为 1307m²，除配套设施外，展厅实际面积为多功能厅 219m²，大别山生态园 340m²，科普园 180m²。

博物馆自开馆以来，已经接待了国内外众多游客和科研工作者，得到参观者的一致赞誉和好评。这座博物馆到底有什么魅力吸引了人们的注意力呢？本书将带领读者走进博物馆，进行一次博物馆的奇妙之旅、科学之旅、知识之旅和趣味之旅。读者将从浩瀚的宇宙星空到地球运动，从远古化石到现代生物宝库，追寻板块运动的轨迹，认知大陆造山的过程，边看边思考宇宙及地球的奥秘，身临其境地感知地球演化史上的奇观和奇迹。面对这座知识的宝库，让我们一起叫一声：芝麻，开门！

1 茫茫宇宙　浩瀚星空

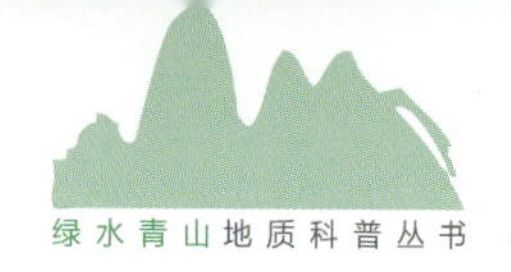

走进博物馆的序厅，映入眼帘的是高耸的大别山片麻岩背景墙（图 1–1），状若瀑布，如行云流水般的片麻岩产自于黄冈团风。墙面上，镶嵌着“泱泱华夏地、巍巍大别山”几个金色大字。这别开生面的造型与装饰，将地质内涵与艺术造型紧密结合在一起，是否给你带来了视觉上的冲击？是否让你产生了无限的遐想？这片麻岩墙体的后面，将会展示什么样的藏品？这些藏品又隐藏了什么样的地质故事？它能否满足我们对宇宙的认知？能否满足我们对地球沧桑、生物演化的好奇？让我们漫步入馆，拭目以待。

转入片麻岩背景墙，后面就是一楼的地球的故事展厅。扑面而来的是展室正中央的巨大的 LED 球面投影地球仪，这是目前国内地质博物馆中最大的 LED 球面投影地球仪。第一次见到这个巨大的球面投影地球仪的游客，都会情不自禁地“哇”出声来，无不感受到巨大的震撼。尤其是在光电交互、地球仪转动的过程中，地球 46 亿年形成演化的故事，被娓娓道来。地质博物馆为我们讲述的地质故事就这样缓缓拉开了序幕。

图 1–1　博物馆序厅片麻岩背景墙

1.1 宇宙和星空

地球的故事展厅位于博物馆一楼(图 1-2),分为两个展室,第一个展室主要介绍宇宙和星空,包括:①独特的星球;②神奇的结构。第二个展室介绍地球的变迁和物质组成,包括:③恢弘的变迁;④物质的世界。这两个部分轮廓性地介绍了宇宙的来龙去脉和地球的前世今生。

现在,让我们沿着参观游览线路,了解宇宙和地球的基本知识。

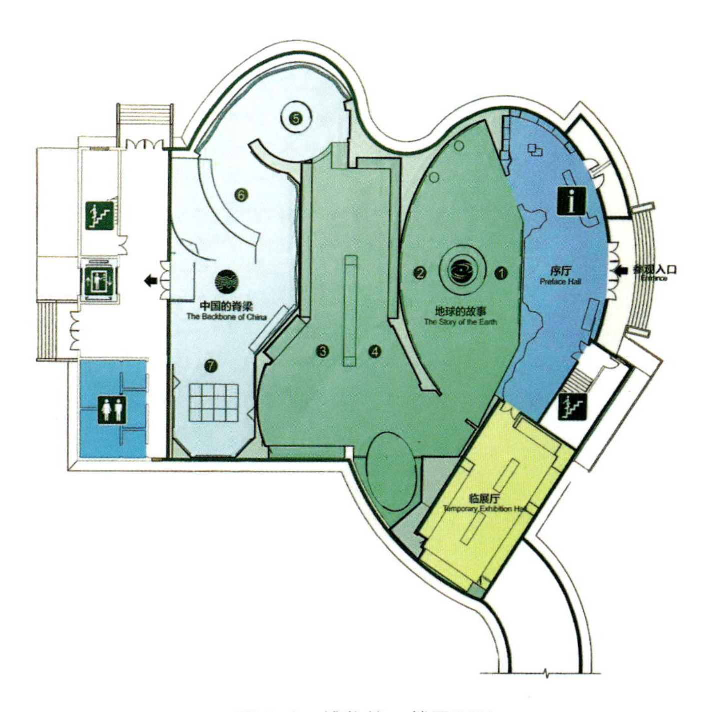

图 1-2 博物馆一楼平面图

①独特的星球;②神奇的结构;③恢弘的变迁;④物质的世界;⑤从造山带说起;⑥全球造山带的分布;⑦中国的造山带

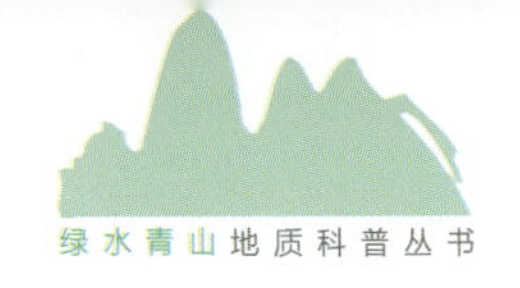

如今，我们很难想象，在137亿年前，宇宙还只是一个奇点。这致密炽热的奇点发生了一次前所未有的大爆炸，爆炸使得一切物质发生了膨胀，物质的密度从密到稀地演化，从中子、质子、电子、光子和中微子等基本粒子形态，逐步形成原子、原子核、分子，并复合成为通常的气体。气体凝华、凝聚，成为大型星云，星云再一步成为各式各样的恒星和星系，便形成了如今的宇宙。到了现在，宇宙依然在不断地、缓慢地膨胀(章德海，2008)。

仰望苍穹，我们能看到浩瀚的星空，然而，我们的视野所及，只是这茫茫宇宙的一角(图1–3)。宇宙即是所有的空间和时间，是无限的时空的综合体，它包含了无数个星系。星系是大量恒星及星际气体、尘埃物质聚集在一起的庞大天体系统，天体系统中的天体都在运动着，它们相互吸引、相互绕转。那些肉眼可见，或者只能通过天文望远镜才能察觉的闪烁的恒星和模糊的星云，以及相对于星空背景有明显移动的行星、一闪即逝的流星、拖着长长尾巴的彗星，这些都是宇宙间的天体。有时，我们也能在从天而降的陨石中，看到宇宙的物质组成，读到宇宙的沧桑巨变(图1–4、图1–5)。

图1–3　地球的故事展厅星空图

图 1-4　铁陨石标本(一)

图 1-5　铁陨石标本(二)

我们所在的星系叫银河系，虽然只是宇宙星系中普通平凡的一个，却由 2000 亿颗恒星以及星云和星际物质组成，直径约为 10 万光年。而太阳系在银河系中，也只是不起眼的一小点，但它对人类来说却意义非凡。太阳系包括太阳、八大行星及至少 173 颗已知的卫星、5 颗已经辨认出来的矮行星和数以亿计的太阳系小天体，以太阳为引力的中心，吸引着太阳系一切天体绕着它公转①。在地球的故事展厅内，除了巨大的球形 LED 地球模型外，还有一些小的模型，游客可近距离观看感受，同时，还有交互触摸屏展示有关太阳系其他七大行星的具体内容(图 1-6)。

图 1-6　太阳系及地球模型

① 霍金演讲录：宇宙的起源[OL].北方网.2002-08-16.

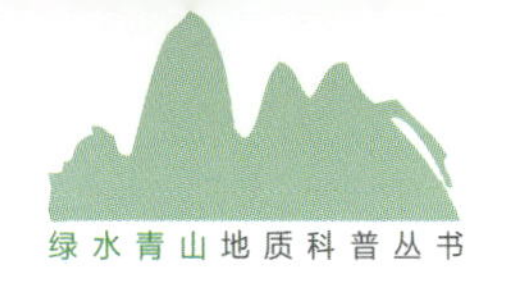

◆互相依存的天体

星系是大量恒星及星际气体、尘埃物质聚集在一起的庞大天体系统。天体系统由大到小排列有：①总星系；②银河系、河外星系；③太阳系；④地月系。

①总星系

通常把我们观测所及的宇宙部分称为总星系。总星系的典型尺度约100亿光年，年龄为150亿年量级。总星系物质含量最多的是氢，其次是氦。总星系并不是一个具体的星系，而是指用现有的观测手段和方法，所能被人们观测和探测到的全部宇宙间范围。

②银河系

深空天体中最显著的星系即为我们所在的银河系，包括1000亿～4000亿颗恒星和大量的星团、星云，还有各种类型的星际气体和星际尘埃。银河系本体直径约为10万光年，中心厚度约为1.2万光年。

③太阳系

太阳系距离银河系中心2.61万光年，是我们现在所在的恒星系统，领域包括太阳、4颗像地球的内行星、由许多小岩石组成的小行星带、4颗充满气体的巨大外行星和充满冰冻小岩石、被称为柯伊伯带的第二个小天体区。在柯伊伯带之外还有黄道离散盘面、太阳圈和依然属于假设的奥尔特云。

④地月系

地月系是地球与月球构成的天体系统，地球是中心天体，月球是它的天然卫星。地球是太阳系中的八大行星之一，自西向东自转，同时围绕太阳公转，距太阳1.5亿km。月球是地球的卫星，并且是太阳系中第五大的卫星。地球与月球的平均距离约为38.4万km，大约是地球直径的30倍。

◆如何了解它们？

了解和研究星空宇宙的方式有很多种，除了通过肉眼观察、利用天文望远镜观察以及通过卫星上的摄像头观察，还可以通过先进的深空探测技术进行采样研究。除此之外，还可以收集坠落于地球上的陨石，直接在实验室进行分析研究。

陨石是其他星体的碎块，当它们运行到地球轨道附近时，受地球引力的影响，坠落到地球表面，常见的有铁陨石和石陨石。由于大气圈层摩擦、燃烧等诸多方面的原因，能够保留下来的陨石并不多，但它们所包含的物质，就是研究天体内部组成的第一手资料(叶培建等,2018；刘红杰,2018)。

1.2 “太阳神”的八子

在太阳系中，依照至太阳的距离，八大行星依次为水星、金星、地球、火星、木星、土星、天王星、海王星（图 1-7），其中离太阳较近的水星、金星、地球及火星，称为类地行星。从地球上仰望星空，水星、金星、火星、木星、土星等五大行星比较明亮，肉眼可见，而另外几颗则需借助天文望远镜才能看到。

图 1-7　太阳系的八大行星

在西方，八大行星中的水星、金星、火星、木星、土星、海王星都是以古罗马神话故事中的神灵来命名的，天王星之名则取自希腊神话中的神灵。而地球，尽管同样在这些神话故事中被视为神灵，但却并非以神灵命名。

这“八位神灵”好似众星拱月般环绕着太阳系的主角——位居中心的太阳，围绕地球绕太阳公转的轨道平面——黄道附近的轨道逆时针方向公转（邹鑫，2008），好似八位忠心耿耿的守卫者。

1.2.1 “神之使者赫尔墨斯”——水星

水星（英语：Mercury；拉丁语：Mercurius）（图 1–8）最接近太阳，是太阳系中最小的一颗行星，有着八大行星中最大的轨道偏心率。水星的英文名字 Mercury 来自罗马神墨丘利，相当于希腊神话中的赫尔墨斯（Hermes）（图 1–9），是为众神传信并掌管商业、道路、科学、发明、口才、幸运等的神。水星距太阳 57 910 000km，直径为 4880km，质量为 3.30×10^{23}kg，每 87.968 个地球日绕行太阳一周，而每公转 2.01 周同时也自转 3 圈（王帅，2018）。

图 1–8　水星

图 1–9　赫尔墨斯

1.2.2 “美神阿芙罗狄蒂”——金星

金星（Venus）（图 1–10）是距离太阳第二近的行星，从地球上看，其亮度仅次于月球。它比水星离太阳要远两倍，但其空气中充斥着二氧化碳，温室效应明显，表面温度有 400 多摄氏度。古希腊人称之为阿芙罗狄蒂（Aphrodite），是希腊神话中爱与美的女神。而在罗马神话中对应的是女神维纳斯（Venus）（图 1–11），因此金星也称作“维纳斯”。金星距太阳 108 200 000km，直径为 12 103.6km，质量为 4.869×10^{24}kg。

图 1-10　金星

图 1-11　维纳斯

1.2.3　“大地之神盖亚”——地球

我们的地球（Earth）(图1-12)是太阳系类地行星中最大的一颗，也是太阳系第五大行星。地球按离太阳由近及远的次序排为第三颗，也是太阳系中直径、质量和密度最大的类地行星，距离太阳1.5亿km。地球自西向东自转，同时围绕太阳公转。地球是目前宇宙中已知存在生命的唯一的天体，是包括人类在内上百万种生物的家园。

图 1-12　地球

地球是唯一一个不是从希腊或罗马神中得到的名字。Earth 一词来自于古英语及日耳曼语。这里当然还有许多其他语言的命名。在希腊神话中，人们将地球视同大地之神盖亚，而在罗马神话中，地球女神叫 Tellus，意即肥沃的土地。

1.2.4 “战争之神阿瑞斯”——火星

火星(Mars)距太阳第四远，是太阳系中第七大行星（图1-13)。火星是最近似地球的行星，这使得很多科幻作品例如小说和电影中，都有探索火星并发展为第二地球的幻想剧情。火星距离太阳227 940 000km，行星直径为6794km,质量为6.421 9 × 10^{23}kg。

火星的英文名Mars是罗马神话中的战争之神,战争离不了嗜血和屠戮,而火星呈红色,正象征着嗜血和疯狂,因此西方人使用战神Mars的名字来命名腥红色的火星。Mars相当于希腊神话中的战神Ares（图1-14)。火星的两个卫星Phobos和Deimos,分别以希腊神话中战神Ares的两个儿子的名字命名，他们两个人的名字意思都为“恐怖、可怕”(杨宇光,2018)。

图1-13　火星

图1-14　阿瑞斯

1.2.5 “众神之王朱庇特”——木星

木星(Jupiter)是距太阳第五远的行星(图1-15),而且是最大的一颗,是地球质量的318倍。木星是太阳系中第四亮的物体，次于太阳、月球和金星;木星还是自转最快的行星。中国古代用它来纪年，因而称为岁星。质量庞大的木星，

就好比希腊神话中的神王宙斯Zeus，而在罗马神话中又称它为朱庇特(Jupiter)，是罗马神话中的众神之王(图 1-16)。

图 1-15　木星

图 1-16　朱庇特

1.2.6　“时间之神克洛诺斯”——土星

土星(Saturn)是离太阳第六远的行星(图 1-17)，是一个巨型气体行星，也是太阳系中仅次于木星的第二大行星。土星的英文名字 Saturn，来源于罗马神话中的农神，也是时间之神，对应的是希腊神话中的时间之神克洛诺斯(Cronos)(图 1-18)。土星距离太阳1 429 400 000km，直径为120 536km，质量为 5.68×10^{26}kg。

图 1-17　木星

图 1-18　克洛诺斯

1.2.7 “宇宙之神乌拉诺斯”——天王星

天王星(Uranus)是太阳系中离太阳第七远的行星(图 1-19),排列在土星外侧、海王星内侧,颜色为灰蓝色,是一颗巨型气体行星。以直径计算,天王星是太阳系第三大行星;但若以质量计算,它比海王星轻而排行第四。

天王星之名取自希腊神话的天神乌拉诺斯(Uranus),它是唯一取自希腊神话而非罗马神话的行星。乌拉诺斯(图 1-20)从大地之神盖亚的指端诞生,是古希腊神话中的天空之神,是最早的至高无上的神。他既是盖亚的儿子,也是盖亚的丈夫,是十二泰坦神、独眼巨人与百臂巨人的父亲。

图 1-19 天王星　　图 1-20 乌拉诺斯

1.2.8 “海洋之神尼普顿”——海王星

海王星(Neptune)是八大行星中的远日行星(图 1-21),按照行星与太阳的距离排列,海王星是第八颗行星;按直径大小排列,是第四大行星。它的亮度仅为 7.85cd/m^2,只有在天文望远镜里才能看到它。Neptune 是罗马神话中的海神之名,相当于希腊神话中的海神波塞冬(Posidon)(图 1-22)。

◆金、木、水、火、土——五大行星

不仅在西方有着关于宇宙的神话故事,在中国古代,我们的祖

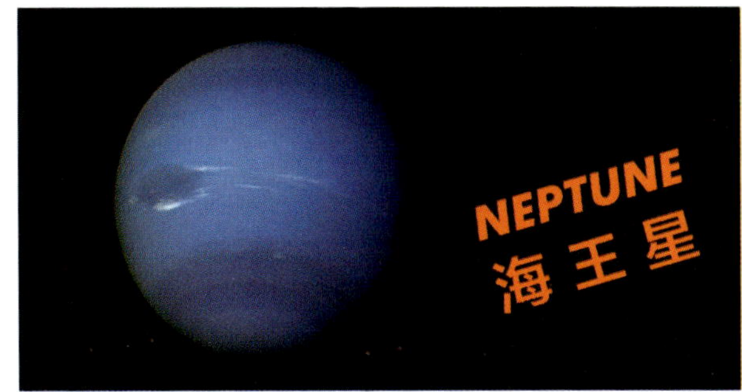

图 1-21 海王星

图 1-22 波塞冬

先也早已有了对宇宙天文的研究。

古人在观察天体变化的过程中，逐渐发现了水、金、火、木、土五星，因其运动，故曰行星。此五星乃八大行星中用肉眼可观察到者，依次又称为辰星、太白星、荧惑星、岁星和镇星(或填星)。五星在宇宙中的运行有一定规律，并与四时气候的变化有着密切的联系，故称之为五行。《史记·历书》说："黄帝考定星历，建立五行。"《汉书·天文志》说："五星不失行，则年谷丰昌。"

五大行星一直是五行来源的说法之一。

1.3 我们的地球

在许多科幻作品中，作者都会抛出一个沉重的概念：如果人类失去了地球会怎样？众所周知，在我们已知的所有天体中，地球是唯一一颗适合生物生存和繁衍的行星。即使是与地球最为相似的火星，也有着种种的不适宜而难以繁衍生物。

由于地球所处的宇宙环境很安全，且具有适宜的温度、大气、水等条件，使地球成为独一无二的生命形成和进化的摇篮。同时，地球还具备了恰到好处的公转和自转特点，如黄赤交角的存在产生了四季，自转形成了昼夜变化，这让地球的温度既维持在相对稳定的范围，又有变化和区别。

从太空看，地球是个蔚蓝色的漂亮星球，表面面积超过5.1亿km^2，赤道半径为6 378.140km，两极半径为6 356.755km。地表70.8%的面积是海洋，全球陆地的平均海拔高度为840m，包括高原、平原、盆地等，在漫长的地质演化过程中，形成了无数鬼斧神工般的奇特景观。

◆LED 地球仪

在博物馆一楼的大厅中，摆放着一个巨大的LED旋转地球仪。这个目前国内最大的旋转地球仪，结合了LED球形投影技术，模拟了地球的动感形态和地球46亿年的形成演化过程，向游客们拉开了地球故事的序幕(图1–23)。

图1–23 LED旋转地球仪

从球形投影动画中，我们可以直观地目睹沧桑地球46亿年的恢弘变迁[1]。地球并不仅仅是生命体的容器，其自身也在不断地“新陈代谢”，例如板块运动所形成的永不安稳的地球，是其成为生物体可居住星球的一大原因。

在LED大型弧幕上播放的主题定制影片有炫酷的场景画面以及立体的声音，使观众具有超强的体验感和沉浸感。

1.3.1　地球的运动

你是否有听过伟人的那句著名诗句“坐地日行八万里，巡天遥看一千河”吗？这首诗便是在说地球的自转运动。

就如同宇宙中的所有天体都是处在永恒的运动之中，天体的运动是维持宇宙运行的基本条件之一，我们人类生活的地球也同样在做复杂的绕转运动，一方面地球自身在进行自转运动，同时又在围绕太阳做公转运动，还和整个太阳系一起在绕着银河系中心做绕转运动。

地球绕其自转轴的旋转运动，叫作地球自转。地球自转轴简称地轴，是一根虚拟的轴，穿过地球的南北两极点，地球自转轴自北极点向外太空延伸，北端始终指向北极星附近。

地球自西向东自转，自转一周的时间单位是1日。由于在计算自转周期时，选定的参考点不同，一日的时间长度略有差别，名称也不同。如果以距离地球遥远的同一恒星为参考点，则一日的时间长度为23时56分4秒，叫作恒星日。如果以太阳为参考点，则一日的时间长度是24小时，叫作太阳日。地球自转的线速度可以理解为单位时间段内地表的点移动的距离，大约每24个小时，地球表面所有地点都会绕自己所在的纬线转一圈，纬线圈越大，自转线速度越快，这就是前面所提到的诗词中的“坐地日行八万里”。

---

① 引自 https://www.sohu.com/a/237869658_259233.

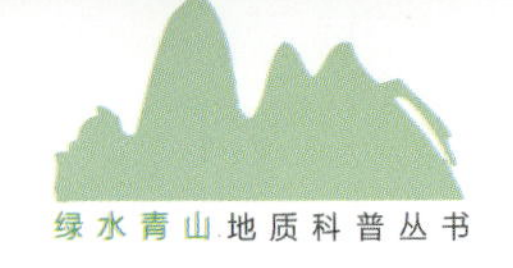

地球绕太阳的运动叫作地球公转。像地球的自转具有其独特规律性一样，由于太阳引力场以及自转的作用，而导致的地球公转，也有其自身的规律，地球公转的方向也是自西向东。地球公转的轨迹叫作公转轨道，是一个近似正圆的椭圆形轨道。

因为太阳周年视运动的周期与地球公转周期是相同的，所以地球公转的周期可以用太阳周年视运动来测得。地球公转一周的时间单位是1年，其时间长度为365日6时9分10秒，叫作恒星年。

1.3.2 地球的“身体”

就如同我们人类的身体从外而内地分为毛发、皮肤、结缔组织、肌肉、内脏和骨骼一样，我们的地球也有着自己的身体结构，名为圈层。圈层是地球结构具有的最明显的特征。地球圈层分为外部圈层和内部圈层两大部分。外部圈层包括大气圈、水圈、生物圈等3个基本圈层；内部圈层则由地壳、地幔、地核等3个基本圈层构成。鉴于人类自诞生至今，对地球外部圈层的影响程度日益加剧，一些科学家主张把人类作为地球圈层结构的组成部分，称为人类圈。

1.3.2.1 地球的“毛发与皮肤”

地球的外部圈层包括大气圈、水圈、生物圈3个圈层。

大气圈即地球外部的气体包裹层(图1–24)，它是地球与宇宙物质相互交换的前沿。根据大气圈在不同高度上的温度变化，通常将其划分为5层，自下而上为：对流层、平流层、中间层、热层(电离层)及逸散层。大气是人类和生物赖以生存必不可少的物质条件，也是使地表保持恒温和水分的保护层，同时也是促进地表形态变化的重要动力和媒介。

生物圈是指地球生物及其活动范围所构成的一个极其特殊和重要的圈层(图1–25)，是地球上所有生物及其生存环境的总称。在地理环境中，生物圈并不单独占有任何空间，而是渗透于水圈、大气圈的下层和岩石圈的表层。它们相互影响、相互交错分布，其间没有一条明显的分界线。

图 1-24　大气圈

图 1-25　生物圈(肯尼亚马赛马拉国家公园中的大象)

地球海洋和陆地上的液态水、固态水构成的一个大体连续的覆盖在地球表面的圈层，称为水圈（图 1–26），包括江河湖水、海水、土壤水、浅层和深层地下水，以及南北极冰帽和大陆高山冰川中的冰，还包括大气圈中的水蒸气和水滴。

图 1–26 水圈（津巴布韦维多利亚大瀑布）

1.3.2.2 地球的“内脏与骨骼”

地球结构为一同心状圈层构造，由地心至地表依次分为地核（core）、地幔（mantle）、地壳（crust）（图 1–27、图 1–28）。

依据地震波传播速度的急剧变化来确定地球地核、地幔和地壳的分界面。地球各层的压力和密度随深度增加而增大，物质的放射性及地热增温率，均随深度增加而降低，近地心的温度几乎不变。地核与地幔之间以古登堡面相隔，地幔与地壳之间，以莫霍面相隔。

地核又称铁镍核心，其物质组成以铁、镍为主，又分为内核和外核。内核的顶界面距地表约5100km，约占地核直径的1/3，可能是固态的，其密度为10.5～15.5g/cm^3。外核的顶界面距地表2900km，可能是液态的，其密度为9～11g/cm^3。

地幔又可分为下地幔、上地幔。下地幔顶界面距地表1000km，密度为4.7g/cm^3，上地幔顶界面距地表33km，密度为3.4g/cm^3，因为它主要由橄榄岩组成，故也称橄榄岩圈。地壳的厚度约33km，上部由沉积岩、花岗岩类组成，叫硅铝层，在山区最厚达40km，在平原厚度仅10余千米，而在海洋区则显著变薄，大洋洋底缺失。

地壳的下部由玄武岩或辉长岩类组成，称为硅镁层，呈连续分布，在大陆区厚度可达30km，在缺失花岗岩的深海区厚度仅5～8km。

图1-27 地球内部结构(一)

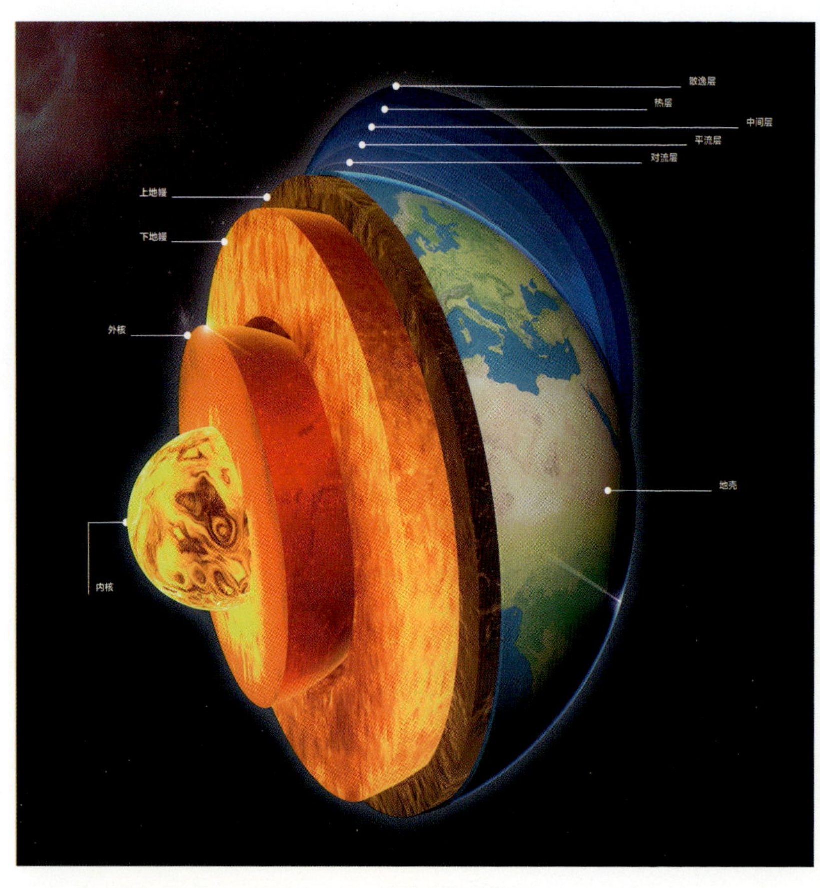

图 1-28　地球内部结构(二)

2 物换星移 沧桑巨变

从地球的故事展室走出，就来到位于一楼中部的第二展室。本展室结合千姿百态的化石、岩石标本以及 AR 透明屏智能滑轨的 3D 还原影像技术，将地球的沧桑变幻栩栩如生地展现在游客面前(图 2-1)。

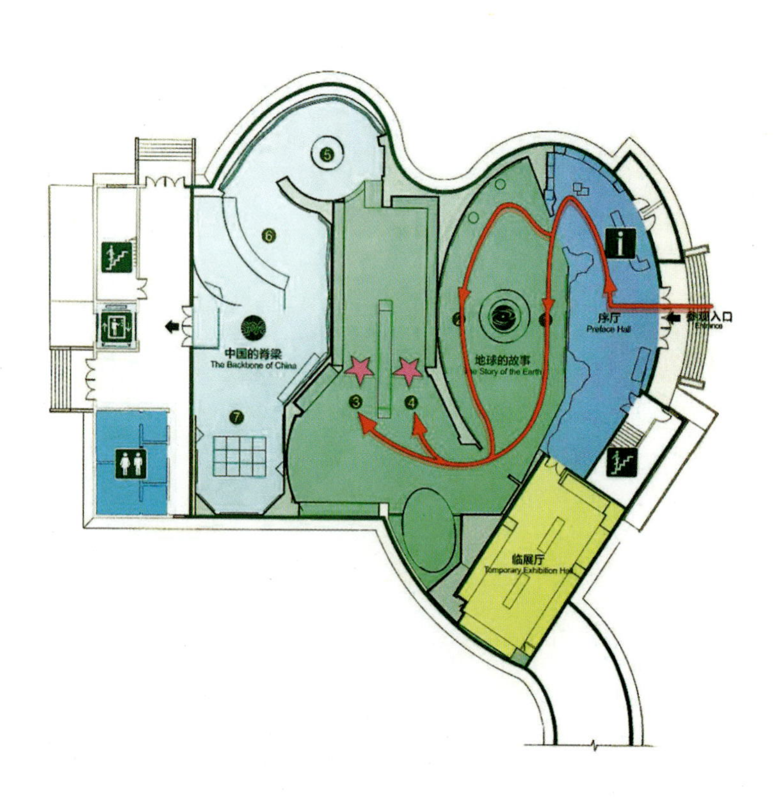

图 2-1　博物馆当前位置——③恢弘的变迁、④物质的世界

2.1 气候变幻与生命诞生

第二展室门口矗立着一尊巨大的动物骨架化石(图 2-2),这就是大名鼎鼎的剑齿象骨架化石。这具骨架化石身高 4m,体长 8m,象牙长 2m 多,好像两把长剑。科学家根据这具象的骨骼化石的形态特征和发现地点将它命名为“黄河剑齿象”。

据研究,在几百万年前,黄河流域的甘肃、陕西、河南等地到处有河流和湖泊,气候适宜,生态良好,生存有大量的剑齿象和同时期的哺乳动物。

现在,让我们想象一下:当时光倒流,苍白的骨骼外长出强健的肌肉,肌肉覆上粗糙的皮肤,皮肤上生出毛发,洁白的象牙从上颌延

图 2-2　剑齿象骨架化石

伸出去。它的头颅很大很长，上颌的象牙又粗又壮，在末端向上弯曲，下颌却没有象牙；它的象腿比我们见过的大象都长很多，最高最大的能达到5m高、9m长；要支撑这样庞大的身体，需要很多食物，它几乎每天都要吃1～2t的植物。在1200万年到1万年以前，它的同伴们就这样自由漫步在亚洲、非洲的大陆上，悠闲度日。

但如今，它们已经不存在了，例如东方剑齿象，在大约1万年前绝迹，因为华南第四纪古地理、古气候和古生态的变迁，当时地球的气候环境已经不再适宜它们生存。它们只能慢慢消亡，一部分进化为猛犸象——一种身披长毛、体型高大的象类——在距今1.2万年到4万年的更新世晚期继续生活。几万年后，这些剑齿象的后裔也走到了末路，因为适宜它们生存的末次冰期从地球上结束，猛犸象也从地球上绝迹了。

剑齿象的生存和灭绝，与当时地球的气候环境息息相关。剑齿象骨架化石为人们了解当时地球的古地理、古气候和古生物群落，提供了珍贵的科研证据。

古往今来，地球上的任何生灵都依存于地球的环境。从地球初期的冥古宙、太古宙、元古宙，到显生宙的古生代、中生代以及我们人类所在的新生代(图2-3)，地球的环境发生了很大的变化。地球能经历极端高温，也能经历极端低温，一切变化不过是地球历史上微不足道的一小段，但对地球生命却是决定命运的巨变。

动植物的发展演化，就是如此地与地球大环境变化紧密相连。每一次地球气候的剧变，都会给动植物历史掀开新时代的一页，所有的动植物身上都充满着时代的烙印。

这一页，或许是寒武纪—石炭纪大间冰期的生物大爆发，百花齐放，万兽争上游；又或许是白垩纪末的灭顶之灾，包括恐龙的大部分爬行动物被残酷地淘汰……曾生存于，或是现在依然生存于这个地球上的动植物，它们死去后遗留的化石就是漫长地球环境变迁的最直接注解。

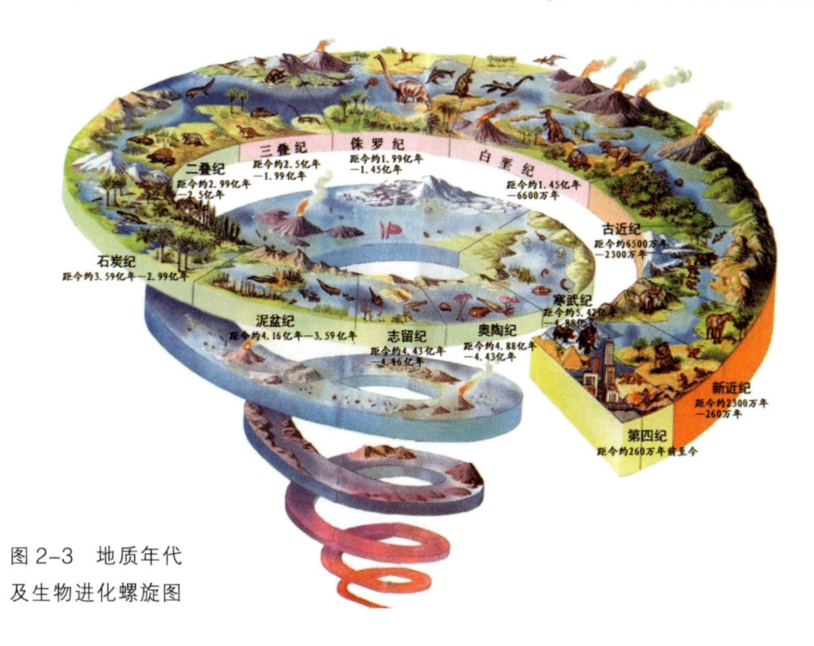

图 2-3　地质年代及生物进化螺旋图

2.1.1　震旦纪大冰期

最早的无脊椎动物出现于距今约 8 亿年的前寒武纪晚期，也是地球上最早的动物。在距今 6 亿年以前，地球上爆发了世界规模的大冰川气候，这个时候的亚、非、欧、北美以及澳洲的大部分地区都发现了冰碛层，揭示了在震旦纪大冰期时地球极端寒冷的气候环境，对当时的无脊椎动物生存造成严峻考验。

2.1.2　寒武纪—石炭纪大间冰期

在距今大约 6 亿—3 亿年的寒武纪—石炭纪大间冰期，全世界的气候都变得温暖潮湿，植物茂密巨大，使得空气中的含氧量大幅提升，尤其是在石炭纪，全球都处于古气候中典型的温和湿润气候，森林面积极广，在我国，大部分地区处于热带气候中。温暖舒适高含氧的气候，为寒武纪生命大爆发营造了绝佳的气候环境。

距今 5.4 亿—4.08 亿年的早古生代，以寒武纪初期生命大爆发为起点，无脊椎动物的各门类均已出现且迅速发展，其中最繁盛的是三叶虫、头足类、腕足类及珊瑚等，因

此，早古生代为海生无脊椎动物的时代。最早的脊椎动物为无颌类，出现于距今5.3亿年的寒武纪初，我国云南发现的昆明鱼和海口鱼是最早的脊椎动物化石。距今约4亿多年前的志留纪晚期，无颌类演化为有颌的盾皮鱼类和棘鱼类，进一步演化为软骨鱼类和硬骨鱼类。现代鱼类中，最繁盛的是硬骨鱼类，软骨鱼类次之。

距今4.16亿—2.5亿年的晚古生代，海生无脊椎动物以珊瑚、腕足、菊石为主，非海相的软体动物也有很大的发展，昆虫类迅速崛起。晚古生代末的生物大绝灭使大部分无脊椎动物遭受灭顶之灾，蜓类、三叶虫、四射珊瑚等彻底绝灭，其他种类也大为衰落。距今3.7亿年的晚泥盆世，某些鱼类向两栖类进化，脊椎动物开始征服大陆，开创了动物进化的新时代。最早的两栖类化石名叫鱼石螈，生活于3.7亿年前。此后的石炭纪、二叠纪两栖动物繁盛，该时期被称为两栖动物时代。

2.1.3　三叠纪—古近纪大间冰期

距今约2亿—2300多万年，整个中生代气候温暖，到新生代的古近纪世界气候更趋暖化，格陵兰也有温带树种。三叠纪时期，普遍为干燥气候；到侏罗纪，主要是湿润气候。侏罗纪后期到白垩纪是干燥气候发展的时期。到了古近纪，气候比较炎热。古近纪末期，世界气温普遍下降，整个北半球喜热植物逐渐南退。爬行动物从中生代初开始得到迅猛发展，很快占领了陆、海、空生态空间，在中生代成为地球的统治者，包括恐龙类、鱼龙类、翼龙类、龟类、鳄类等。尤其是恐龙类从距今2.3亿年的晚三叠世出现以后，在侏罗纪、白垩纪发展成为了地球的霸主。

2.1.4　白垩纪末全球灭绝事件

然而在距今6500万年的白垩纪末，发生了白垩纪末全球绝灭事件。这次众说纷纭的地球环境巨变，使得无脊椎动物家族有的无一幸存，有的急剧衰退或彻底更替。白垩纪末的绝灭事件使爬行动物受到致命打击，绝大部分走向灭亡，只有一些幸免于难的小型爬行动物如龟鳖类、蛇类、鳄类等延续

至今。随着爬行动物的衰亡，地球进入新生代，哺乳动物迅速崛起。

2.1.5 第四纪大冰期

从距今200万年开始，第四纪大冰期开始了。全球以较为寒冷的气候为主导，北极地区的冰盖向中纬度地区大幅度扩张，最强盛的时候到达过北纬57°，某些地方冰盖的厚度达2km。大冰期中间隔着温暖的间冰期，冷暖的气候变迁引起冰川的消长进退。对欧洲阿尔卑斯山的冰川地貌研究表明，第四纪冰期分为4个冰期，为3个相对温暖的间冰期所分隔。冰期与间冰期相比较，中纬度地区的山地雪线升降幅度可超过1200m。这样的适中环境适合哺乳动物生存，是哺乳动物的时代。

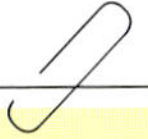

思考

就如同剑齿象的兴起与衰落都与当时地球的气候环境息息相关一样，古往今来，地球上的任何生灵都依存于地球的环境。地球能经历极端高温，也能经历极端低温，一切变化不过是地球历史上微不足道的一小段，但对地球生命而言却是决定命运的巨变。曾经霸占全球的地球霸主恐龙，也因为白垩纪末的某种剧烈变化而彻底失去生存环境，只留下化石让人感叹。我们人类又有什么资格对自己改变自然的能力沾沾自喜呢？殊不知，现今人类能享有的地球环境是如此的宝贵，也可能如此的短暂。因此，至少我们自己绝不应该自毁长城，亲手破坏我们的生活环境。

近年常谈的全球变暖话题，便是一个尖锐的例子，全球变暖可能导致海平面上升、农业生态遭灾、病疫流行和其他灾害频发的负面影响，而这些都是近代以来人类发展所造成的恶果。珍惜地球，其实并不只是珍惜地球，而是珍惜人类赖以生存的适宜环境，珍惜我们人类自己。

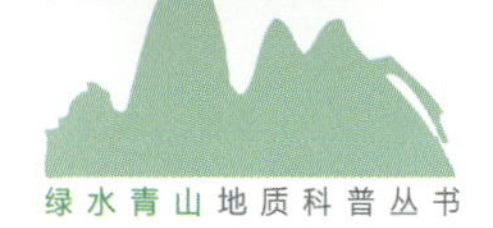

2.2 化石里“复苏”的关岭幻龙

距今2.43亿年前，一只幻龙逐渐死去，它的尸体沉进泥土里，血肉和骨骼化石经过各类复杂的沧桑变化，在自然作用下，成为化石……现在，通过化石以及AR透明屏智能滑轨的3D还原影像技术，我们可以看到幻龙活着的样子和痕迹(图2–4)。

幻龙是远古时期鳍龙类的一种(其他鳍龙类包括蛇颈龙类和盾齿龙类)，属三叠纪时期动物，距今达2.43亿年，它们体型大小不一，最小的只有36cm，最大的长达6m，长有锐利的牙齿，捕食各种鱼类，另外幻龙的四肢相当发达，可以想象它们会爬上岸捕食或产卵。

敏捷的幻龙绝大部分时间生活在海洋中，可以捕捉许多种食

图2–4　AR透明屏智能滑轨设备

物，例如菊石、头足动物、鱼和小爬虫等。尽管它们天生是水栖动物，但有时也会到陆地上生活。有人曾在海岸边及洞穴中发现它们幼年个体的化石，说明幻龙还是很喜欢到陆地上来晒太阳的。就如同今日的海龟和鳄鱼一样，到了繁殖季节，母幻龙就拖着沉重的身体到海滩上产卵。

◆AR透明屏智能滑轨

用来展示贵州幻龙的是AR透明屏智能滑轨，通过这个设备扫描贵州龙化石，利用三维动画与实物标本的结合，可以模拟复原贵州龙原貌及其机体结构，目睹远古生物的真实面目。这种可移动的有机电激光显示透明屏滑轨装置，可以对屏幕后方的展品或图像进行现实增强，并进行透视解析或者还原，是一种将真实世界信息和虚拟世界信息“无缝”集合的新技术，实时剖析展品，为观众带来更多的可视化信息资讯，就好像死在泥土中的这条贵州幻龙，忽然在电子的幻影里复苏了。

作用

现在滑轨电视应用领域主要在展厅展馆以及博物馆等，用来展示墙体上画面的内容，这样不仅使相对枯燥的文字形象变成图像展示在视频上而且还可以更好地解说，使参观者一目了然，也减轻了解说员的重担。另外滑轨电视承载的信息量也非常大，要比图片文字更节省场地。

组成

滑轨电视由定制滑行轨道、等离子电视、红外传感器、灯箱、计算机组成。在类似坐标轴的展墙上镶嵌各种案例图片，同时制作一组可滑动的机械结构以悬挂液晶电视。

操作

该展项在相应图片上设置了不同的触控点位，通过轨道上安装的传感电路装置，观众可以上、下、左、右推动液晶电视，找寻背景中的感应点。当观众推动等离子电视到不同的点位，使屏幕与点位重合，此时传感信号被触发，屏幕将自动播放该部分的视频内容。

2.3 石头里写下的历史

如果说陆地是一本书，地层和岩石就是一页页的书页，记录着地球过去和现在发生的一切。岩石是在各种不同的地质作用下产生的、由一种或多种矿物有规律地组合而成的集合体。按照岩石形成方式及变化过程，可以将其分为岩浆岩、沉积岩和变质岩三大类型(图2–5)。

岩石在一定条件下可以相互转化。在地球表面，沉积岩分布最广，在地壳中，岩浆岩和变质岩所占体积最大。不同类型的岩石能够形成各自特有的矿产，许多有色金

图 2–5　岩石三大类型演变示意图

属存在于岩浆岩中，煤、石油等蕴藏在沉积岩里。有些岩石本身就是有用的矿产，如片麻岩、大理岩、花岗岩、石灰岩等是很好的建筑材料。黄冈大别山地区就是国内盛产片麻岩、花岗岩等石材的地区之一（图 2-6、图 2-7）。

图 2-6 片麻岩

图 2-7 花岗岩

2.3.1 三大岩类——岩浆岩、沉积岩和变质岩

2.3.1.1 火中塑成

流动的岩浆，流动的火，冷却凝结之后就会变为新的岩石，名为岩浆岩。岩浆岩也称“火成岩”，是由高温熔融的岩浆在地表或地下冷凝所形成的岩石。岩浆由火山通道喷溢出地表凝固形成的岩石称喷出岩，如玄武岩、安山岩、流纹岩等；岩浆上升后，如未达地表而在地下一定深度凝结，形成的岩石称侵入岩，如花岗岩、辉长岩等（图 2-8、图 2-9）。在岩浆岩的形成过程中，随着岩浆上升，温度逐渐下降，不断地结晶出各种矿物，当某些有用矿物聚集到一定数量，就成为矿产资源（图 2-10）。

2.3.1.2 逐渐沉淀

暴露在地表的岩石，在风力和水力的侵蚀与影响下，会逐渐变成碎块或粉末。之后它们被流水或风搬运至湖泊、海洋、盆地等低洼地区沉积下来。随着时间的推移，沉积物越来越厚，压力越来越大，逐渐形成坚硬的沉积岩。沉积岩剖面上能够见到明显的层层叠加的层

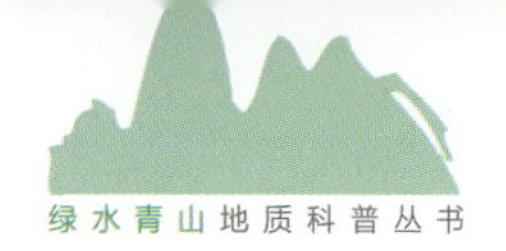

图 2-8　喷发作用示意图

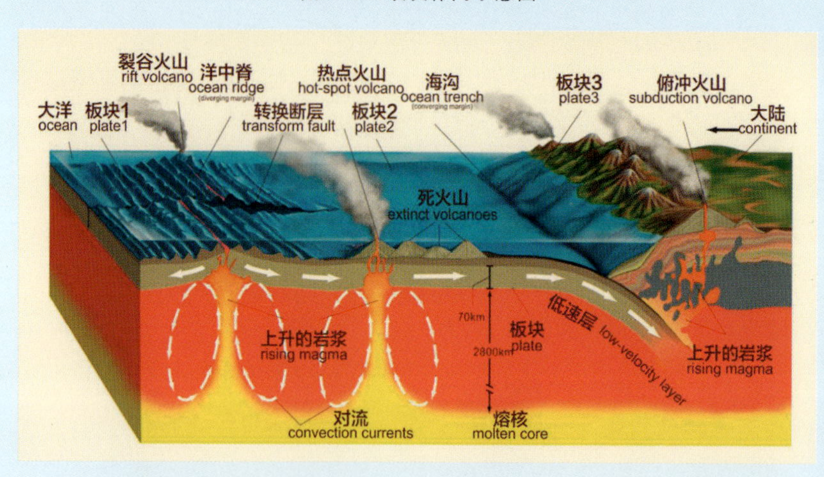

图 2-9　火山喷发示意图

理，经常发现古生物化石。沉积岩按成因可分为碎屑岩(图 2-11)、黏土岩(图 2-12)和化学岩(包括生物化学岩)(图 2-13、图 2-14)。

图 2-10　博物馆岩浆作用展板和模型

图 2-11　砾岩

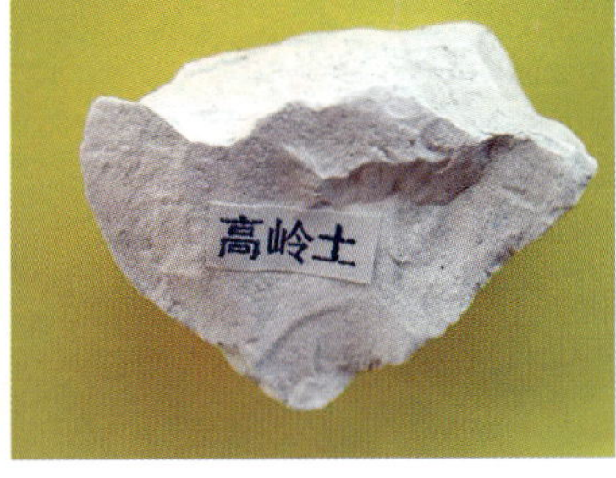

图 2-12　黏土岩

图 2-13　腕足类生物灰岩

图 2-14　石灰岩

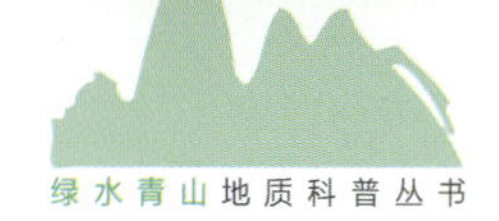

2.3.1.3 奇妙变化

在外部环境的综合作用下,岩石都会发生变化。变质岩是由先形成的岩浆岩、沉积岩因地壳内物理化学条件变化被“改造”而成的一类岩石，因与原先岩石的化学成分、矿物成分及结构构造等均有不同,故称之为变质岩(图 2-15)。

图 2-15 英山龙潭河谷黑云角闪斜长片麻岩(变质岩)

地壳运动使岩层受到挤压并产生高温,岩浆上涌使周围岩石受到高温“烘烤”,都会使岩石的矿物成分和结构发生变化,这种促成岩石发生改变的作用为变质作用。按变质作用类型和成因,可以将变质岩分为区域变质岩(图 2-16)、接触变质岩(图 2-17)、气液变质岩、动力变质岩(图 2-18)和混合岩(图 2-19)等。

图 2-16　砂质板岩-片岩

图 2-17　大理岩

图 2-18　混合花岗岩旋转眼球构造

图 2-19　混合花岗岩肠状构造

2.3.2　地球的物质

地壳中的化学元素，在一定地质条件下不断化合、分解、迁移，结晶为天然单质或化合物，即为矿物。矿物具有相对固定的化学组成，呈固态者还具有确定的内部结构；它们在一定的物理化学条件范围内稳定，是组成岩石、矿石和土壤的基本单元。人类已知的5000多种矿物形态多为固态，只有极少部分呈液态或气态。绝大部分矿物都形成晶体(图 2-20～图 2-22)。

图 2-20　萤石

图 2-21　孔雀石

图 2-22　紫水晶

矿物是各种地质作用的产物(图 2-23)。由于地质作用条件各异,形成了岩浆矿物、热液矿物、火山矿物、风化矿物、沉积矿物、热变质矿物、区域变质矿物等。

图 2-23　“物质的世界”标本柜

2.3.3 面貌变化

地球上存在的山地、高原、盆地和平原等丰富的地貌特点，是由内力作用和外力作用对岩石共同作用的结果。内力作用主要有地壳运动、地球深处岩浆活动和地震等；外力作用的主要表现形式多种多样，主要有风化作用、侵蚀作用、搬运作用、沉积作用和固结成岩作用。

岩石或岩层受了内力或外力作用会发生位置和“面貌”上的改变(图 2–24)。例如，褶皱是因地壳运动而发生变形的岩石或岩层，连续性未受到破坏，而仅发生弯曲变形。褶皱的主要类型有背斜和向斜：背斜一般是岩层向上拱起，向斜一般是岩层向下弯曲。褶皱形态千变万化，有开阔褶皱、平行褶皱、相似褶皱等。断裂是岩石和岩层因构造作用发生变形，当外力超过一个临界点时，岩层的连续性受到彻底破坏，发生明显破裂。断裂包括节理和断层。节理是一种岩层没有

图 2–24 博物馆“自然雕塑”展示墙

发生明显位移的裂隙，断层则是岩层破裂且有显著位移的断裂构造。断层分正断层、逆断层、平移断层等。受构造事件改造的岩石，如麻粒岩、榴辉岩等，可以作为远古构造事件发生的证据。

2.3.4 古生物化石

伴随着地球的演化，地球上的物质也随之演化，从地球的无机界到有机界，从无生命的岩石矿物，到有生命的微生物、动植物，这些生物，在地质长河中不断地繁育、生长、死亡，一些旧的生物不断消亡，一些新的生命不断涌现，从而形成了自然界生命演替、生生不息的景象。那些逝去的古生物部分遗体经过自然界的作用，保存于地层中。大多数被保留下来的古生物遗迹是茎、叶、贝壳、骨骼等坚硬部分，经过矿物质的填充和交替作用，形成仅保持原来形状、结构以至印模的钙化、碳化、硅化、矿化的生物遗体、遗物或印模。在博物馆一楼的“物质的世界”中，展示了生命起源、演化中各种有代表性的古生物化石标本（图 2-25），显示了化石是地球物质的重要组成部分。

图 2-25　生命起源及化石展示墙

3　板块运动　大陆造山

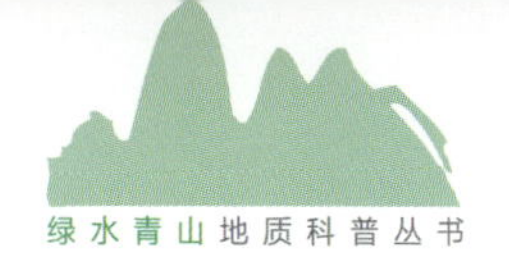

穿越了浩瀚的星空，感受了地球运动的神奇变化，我们即将走进博物馆的第二展厅——中国的脊梁展厅(图 3-1)。本厅讲述了从板块运动到大陆造山的地球地质演化过程，重点讲述了横亘在中国中央的被称为“中国的脊梁”的秦岭 -大别造山带。那么，究竟什么是板块运动和造山带呢?

图 3-1　中国的脊梁展厅之造山演化视频

3.1 板块运动

3.1.1 板块

板块(plate)是板块构造学说所提出来的概念。板块构造学说认为,岩石圈并非整体一块,而是分裂成许多块,这些大块岩石称为板块,板块之中还有次一级的小板块。这些板块处在永不停止的相对运动中,板块内部相对稳定,板块交界处则非常活跃。板块运动形成了板块间的两种基本关系,即板块间的相互碰撞挤压,称为消亡边界,或者相邻的板块彼此分离,称为生长边界。

法国地质学家萨维尔·勒皮雄在1968年首次系统地提出了“全球板块运动模式”。他认为地球表面是由太平洋板块、欧亚板块、印度洋板块、非洲板块、美洲板块和南极洲板块镶接而成,其中除太平洋板块几乎全为海洋之外,其余5个板块既包括大陆又包括海洋(图3-2,表3-1)。这六大板块经过近2亿年的运动,形成了目前地球表面

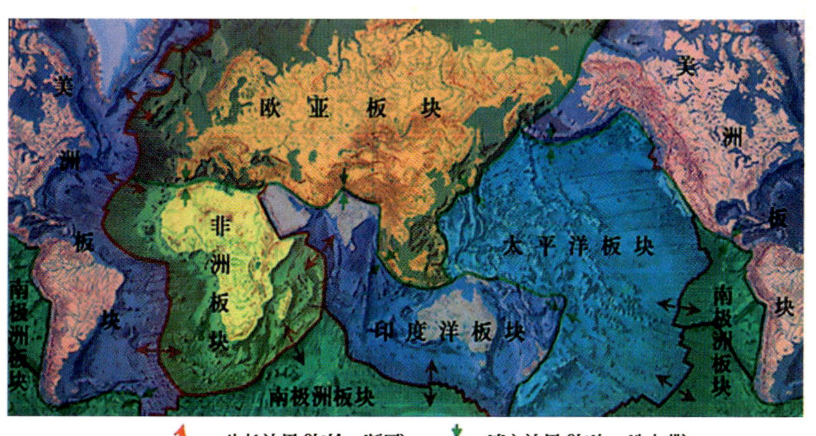

图3-2 全球板块分布图(引自 https://image.baidu.com/search/detail?ct)

的基本形态。值得关注的是大西洋不是单独位于某一板块内，而是被几个板块“瓜分”，同样的北冰洋板块被欧亚板块、美洲板块“瓜分”。

表 3–1 全球六大板块大致划分

板块名称	板块分布范围
太平洋板块	近 4/5 的太平洋都在该板块内
欧亚板块	几乎整个亚洲以及欧洲，但属于亚洲的印度不在该板块内，还有一部分大西洋
非洲板块	整个非洲以及一部分大西洋
美洲板块	整个美洲以及接近美洲的部分太平洋、大西洋
印度洋板块	澳大利亚东、北、南的部分大洋洲国家，绝大部分印度洋以及印度次大陆、阿拉伯半岛都在该板块内
南极洲板块	整个南极洲以及除北冰洋之外的三大洋的边缘部分

3.1.2 板块运动

板块运动是指地球表面一个板块对于另一个板块的相对运动。全球所有板块都在永远不停地运动，板块相对移动而发生的彼此碰撞和张裂而形成了地球表面的基本面貌。

3.1.2.1 板块边界类型

板块边界是板块之间的接触带，是板块划分的重要依据，按板块间相对运动方式，将板块边界划分为 3 种类型：离散型、聚敛型和剪切型(图 3–3)。

◆离散型边界（生长型板块边界）

沿此类边界，岩石圈发生分裂和扩张，导致地幔物质涌出，产生洋壳和岩石圈地幔，出现巨量的玄武岩堆积、频繁的浅源地震、广泛的地堑断裂活动，如大洋的洋中脊和大陆的裂谷带。

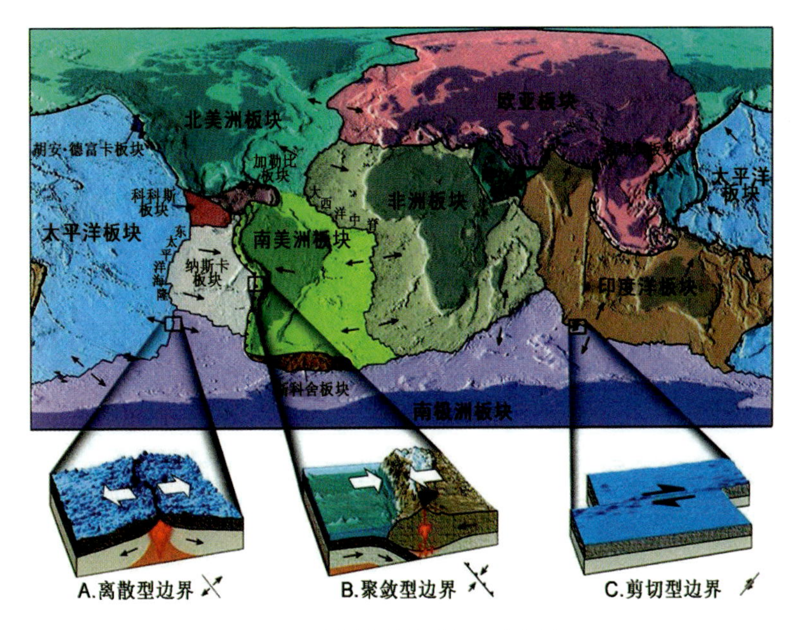

图 3-3　板块构造边界的 3 种类型
（引自 http://www.sohu.com/a/82954552_395930，有修改）

◆聚敛型边界（消减型板块边界）

沿此类边界，两个相邻板块做相向运动，密度大的板块俯冲潜没于密度小的板块之下，存在两种表现方式：俯冲聚敛和碰撞聚敛。

（1）俯冲边界

海沟是俯冲聚敛边界，它导致大洋板块沿着俯冲带于另一板块（大洋或大陆）之下逐渐潜没消亡。在俯冲带及其附近，发生强烈的挤压变形、地震活动和动力变质。在俯冲带上盘，俯冲板块在深部被熔融成岩浆，岩浆上涌引发火山－侵入作用，形成岛弧（山弧），以及相关的构造变形和变质带。

（2）碰撞边界

造山带是碰撞聚敛边界，它是两个大陆板块的碰撞焊接带，故又称缝合带（Suture Zone）、碰撞带（Collision Zone），目前均位于大陆内部。当大洋板块俯冲殆尽时，与大洋板块紧密相连的大陆板块就会在大洋板块即将消失的边界处

(地缝合线)与边界上盘的大陆板块发生强烈碰撞,产生巨大挤压应力,形成高耸的山脉,如喜马拉雅－阿尔卑斯造山带,并伴随强烈的构造变形、岩浆活动、区域动力变质和沉积堆积(张明庆,黄玉珏,1997)。

◆剪切型边界(转换断层型边界)

沿此类板块边界既无板块的增生,也无板块的消减,而是相邻两个板块在转换点之间沿陡立界面的剪切错动,诱发地震、变形与岩浆作用,大陆板块与洋脊相伴。转换断层均位于海底,目前在大陆区只有美洲板块西界的圣安德烈斯断层,代表一个转换断层的一段。该断层走向近南北,主体分布在陆地上,其南延与东太平洋洋脊相连,其北延与戈达洋脊以及胡安·德富卡洋脊相接(图3-4)。

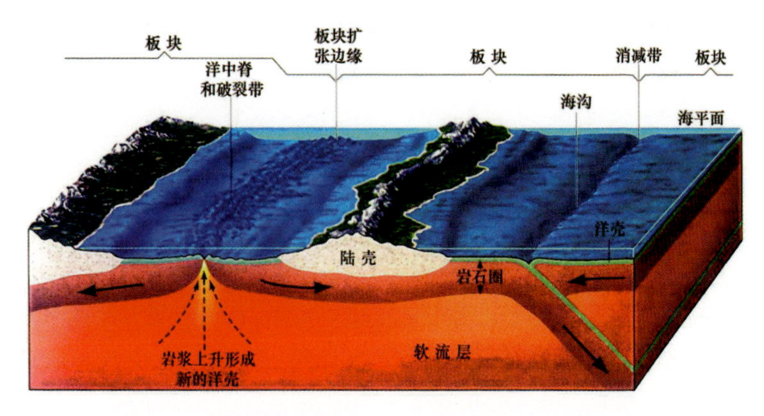

图3-4　板块运动示意图(来源:互动百科"板块构造学说")

3.1.2.2　沧海桑田——从大陆漂移到板块构造

1912年,德国科学家魏格纳提出"大陆漂移说",该理论认为地球上所有大陆在中生代以前曾经是统一的巨大陆地板块,称之为泛大陆(或联合大陆),中生代之后开始分裂、漂移并逐渐形成现在的大陆、岛屿和海洋。该学说一经出现,便震动了整个地球科学界,同时也引起了广泛的研究和争论。但由于当时人们对地球科学的认识较浅,更缺乏足够的证据,使得大陆漂移学说最初并没有得到世人的认可,然而到了20世纪60年代，它却成为板块构造学说——这一风靡全球地学理论的科学前奏。这是为什么呢？

科学家于20世纪50年代先后在各大洋底进行洋底磁场测量，随着研究的深入，沉寂的“大陆漂移说”又被提了出来，古地磁的研究为大陆漂移带来了新的证据(周敬国，2008)。随着科学技术的发展和研究的进一步深入，由于“极移动曲线”和海底扩大等提供的证据，证明了大陆漂移的确是正在发生的事实。1965年，科学家运用计算机使地球各个大陆以现有的形状恰好拼合在一起。再者，海地地形、地震位置、火山等活跃部位都连接成为带状，于是“板块构造学说”这一革命性的见解应运而生。“大陆漂移说”在新的历史时期中，摇身一变、脱胎换骨，以板块构造的方式获得了新生。

3.1.3 什么是威尔逊旋回？

威尔逊旋回（Wilson cycle)是指大陆岩石圈在水平方向上的彼此分离与拼合运动的一次全过程。即大陆岩石圈由崩裂开始、以裂谷为生长中心的雏形洋区渐次形成洋中脊、扩散出现洋盆进而成为大洋盆，而后大洋岩石圈向两侧的大陆岩石圈下俯冲(见俯冲作用)、消亡，洋壳进入地幔而重熔，从而洋盆缩小；或发生大陆渐次接近、碰撞，出现造山带，遂拼合成陆的过程(图3-5)。1974年由杜威和伯克提出，为纪念加拿大地质学家威尔逊而命名。威尔逊将大洋盆地的演化归纳为6个发展阶段：胚胎期、幼年期、成年期、衰退期、终了期、遗迹期(表3-2)。大洋的演化呈现为张开和关闭的旋回形式，主宰了地球表层活动和演化，体现了板块构造的精髓。

(1)胚胎期。大陆地壳在拉张应力作用下上拱，岩石圈破裂，形成裂谷，如东非大裂谷。

(2)幼年期。地幔物质上涌、溢出，岩石圈进一步破裂，开始出现洋壳，形成陆间裂谷，如红海、亚丁湾。

(3)成年期。洋盆扩大，洋中脊形成，出现成熟的大洋盆地，如大西洋。

(4)衰退期。随着海底扩张，洋盆一侧或两侧出现海沟，俯冲消减作用开始进行，洋盆缩小，边缘发育沟弧体系，如太平洋。

(5)终了期。随着俯冲消减作用的进行，两侧大陆靠近，发生碰撞，边缘发育年轻的造山带，其间残留狭窄的海盆，如地中海。

(6)遗迹期。两侧大陆直接碰撞，海域完全消失，形成年轻造山带，如阿尔卑斯－喜马拉雅山脉。

表3-2 威尔逊旋回的6个演化阶段(据舒良树，2010)

演化阶段	力学状态	形态	火成岩类	沉积作用	变质作用	现代实例
胚胎期	抬升	裂谷	碱性与拉斑玄武岩	少量	无	东非大裂谷
幼年期	扩张	狭海	碱性与拉斑玄武岩	大陆架海盆沉积	无	红海
成年期	扩张	洋脊、洋盆	大洋拉斑及碱性玄武岩	被动陆缘陆架沉积	少量	大西洋
衰退期	收缩	岛弧海沟	安山岩及花岗闪长岩	岛弧沉积	局部至广泛	太平洋
终了期	收缩并抬升	造山带	火山岩及S形花岗岩	岛弧沉积，少量蒸发岩	局部至广泛	地中海
遗迹期	隆生	造山带	少量	剥蚀及毛拉石红层	广泛	喜马拉雅山、印度河

图 3-5　威尔逊旋回示意图

3.1.3.1　板块张裂

板块张裂通俗来讲就是板块内部发生断裂或者板块之间发生背向运动向外扩张（图 3-6）。如果是在大陆上发生分离张裂，由于陆壳比洋壳要厚，所以很少有火山岩浆涌出，在地形上则会形成裂谷，最著名的就是东非大裂谷。如果裂谷继续张裂，海水进入，则会形成海洋，位于阿拉伯半岛和非洲大陆之间的红海就是典型的代表。如果继续扩张，则会形成巨大的大洋，大西洋就是典型的代表。在大洋中，由于海底洋壳要比陆地陆壳薄，所以岩浆涌出地壳，遇到海水后冷却，保留了涌出时凸起的形状，形成海岭，海岭处经常有海底火山分布。

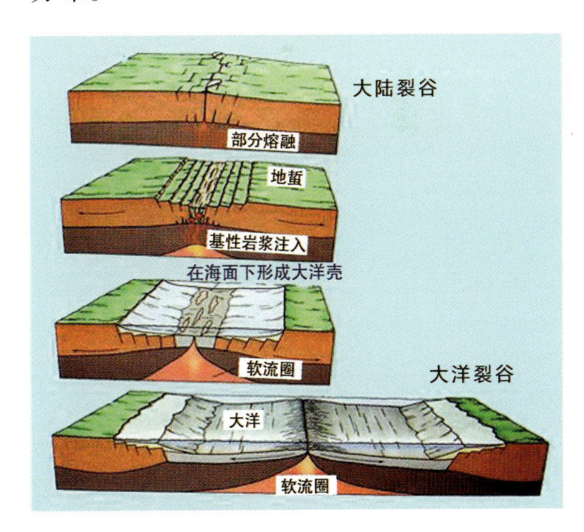

图 3-6　板块张裂示意图

（引自 https://image.baidu.com/search/index?tn）

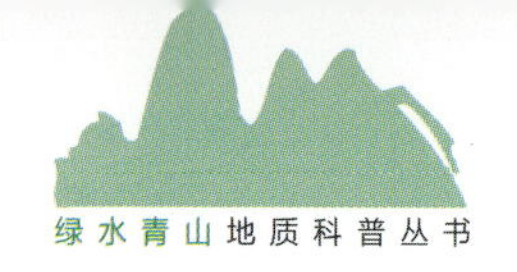

◆**东非大裂谷**

东非大裂谷是世界大陆上最大的断裂带,长度相当于地球周长的1/6,气势宏伟,景色壮观,素有“地球伤疤”之称(图3-7)。该裂谷带位于非洲东部,南起赞比西河的下游谷地,向北经希雷河谷延伸至马拉维湖,并在此分为东西两条。东面的一条是主裂谷,沿维多利亚湖东侧,向北经坦桑尼亚、肯尼亚中部,穿过埃塞俄比亚高原入红海,再由红海向西北方向延伸抵约旦谷地,全长近6000km。东支裂谷带宽度较大,谷底大多比较平坦。裂谷两侧是陡峭的断崖,谷底与断崖顶部的高差从几百米到2000m不等。西支裂谷带大致沿维多利亚湖西侧由南向北穿过坦噶尼喀湖、基伍湖等一串湖泊,向北逐渐消失,规模比较小(图3-8、图3-9)。

古时候,这一地区的地壳处在大运动时期,整个区域出现抬升现象,地壳下面的地幔物质上升分流,产生巨大的张力,正是在这种张力的作用之下,地壳发生大断裂,从而形成裂谷。由于抬升运动不断地进行,地壳的断裂不断产生,地下熔岩不断地涌出,渐渐形成了高大的熔岩高原。高原上的火山则变成众多的山峰,而断裂的下陷地带则成为大裂谷的谷底,总长6400km。

图3-7 “地球伤疤”
(引自http://www.dovechina.com/bencandy.php?fid=35&id=54456)

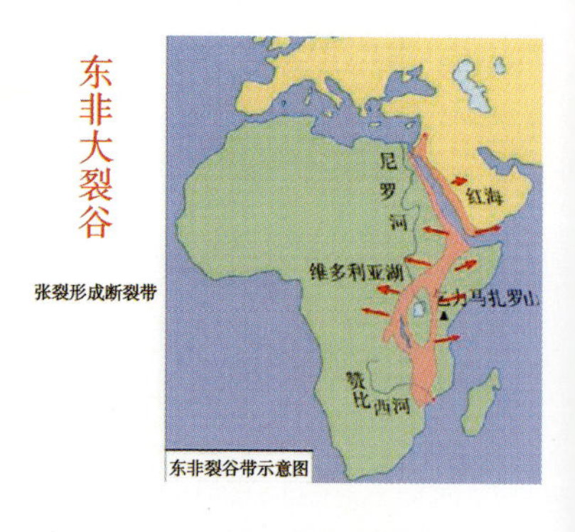

图3-8 板块运动示意图
(引自https://www.wendangwang.com/doc/64595b1d7fad22bbc3b8dfa84335459982361ceb/8)

图 3-9　东非大裂谷美景
（引自 http://bbs.zol.com.cn/dcbbs/d19_1343.html）

3.1.3.2　板块碰撞

板块碰撞，通俗来讲指的是板块之间相向运动造成相互挤压碰撞。既有大陆板块和大陆板块相碰撞，又有大洋板块和大陆板块相碰撞（图 3-10）。

◇当大陆板块与大陆板块相碰撞时：常形成巨大的褶皱山系。例如喜马拉雅山就是印度洋板块在向欧亚板块碰撞过程中产生的（图 3-11、图 3-12）。

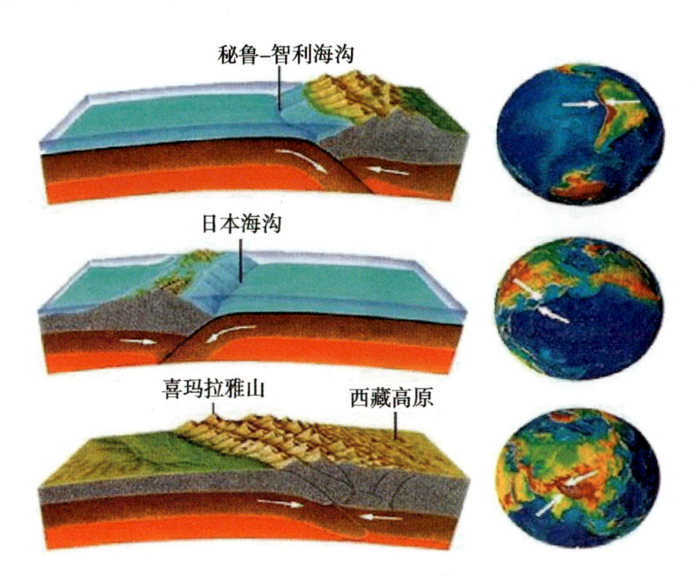

图 3-10　板块碰撞示意图

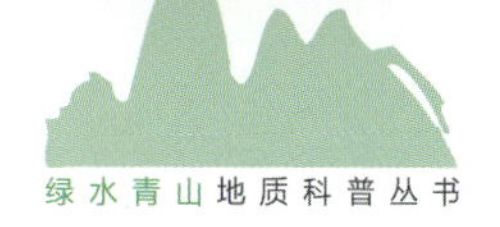

◇当大洋板块和大陆板块相撞时：大洋板块因密度大、位置较低，便俯冲到大陆板块之下，这里往往形成海沟，成为海洋最深的地方（如马里亚纳海沟）；大陆板块受挤上拱，隆起成岛弧和海岸山脉（如太平洋西部的岛弧链、美洲西部的海岸山脉）（图 3-13、图 3-14）。

图 3-11　喜马拉雅山
（引自 http://www.people.com.cn/）

图 3-12　青藏高原
（引自 http://www.people.com.cn/）

图 3-13　马里亚纳海沟
（引自 http://dy.163.com/v2/article/detail/DRLKNF9M0524P29Q.htm）

图 3-14　安第斯山脉
（引自 http://blog.sina.com.cn/u/2774492263）

1）喜马拉雅山

喜马拉雅山脉（藏语意为“雪的故乡”）位于青藏高原南巅边缘，是世界海拔最高的山脉。它分布在中国西藏和巴基斯坦、印度、尼泊尔和不丹等国境内，主要部分在中国和尼泊尔交接处。该山脉西起青藏高原西北部的南迦帕尔巴特峰，东至雅鲁藏布江急转弯处的南迦巴瓦峰，全长2450km，宽200～350km。主峰是世界最高峰——珠穆朗玛峰（又名圣母峰，藏语为Qomolangma，意为第三女神）。

喜马拉雅山是由印度洋板块与欧亚大陆板块碰撞形成的，印度洋板块仍在以每年大于5cm的速度向北移动，喜马拉雅山脉仍在不断上升中，同时还处于板块边界碰撞型地震构造带上。据地质考察证实，早在20亿年前，喜马拉雅山脉的广大地区是一片汪洋大海，称古地中海，它经历了整个漫长的地质时期，一直持续到3000万年前的新生代古近纪末期，那时这个地区的地壳运动，总的趋势是连续下降，在下降过程中，海盆里堆积了厚达30 000m的海相沉积岩层。到古近纪末期，地壳发生了一次强烈的造山运动，在地质上称为“喜马拉雅运动”，使这一地区逐渐隆起，形成了世界上最雄伟的山脉（图3–15）。

图3–15　喜马拉雅山
（引自 https://www.wendangwang.com/doc/6e57f9681478c09ba29026ea/7）

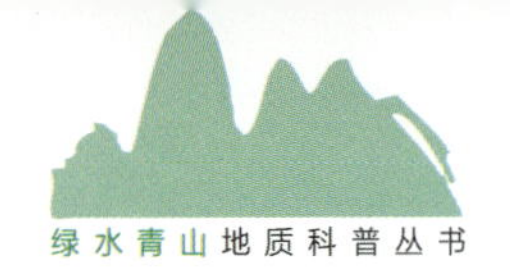

2)马里亚纳海沟

马里亚纳海沟是已知地球上最深的海沟,它在海平面以下的深度已经超过珠穆朗玛峰的海拔最高处。马里亚纳海沟位于北太平洋西部马里亚纳群岛以东,为一条洋底弧形洼地,延伸 2550km,平均宽 69km。主海沟底部有较小陡壁谷地。它是欧亚板块和太平洋板块碰撞形成,因海洋板块岩石密度大、位置低,便俯冲插入大陆板块之下,进入地幔后逐渐熔化而消失。在发生碰撞的地方会形成海沟,在靠近大陆一侧常形成岛弧、弧后盆地和海岸山脉(图 3–16)。

图 3–16　马里亚纳海沟(引自 http://www.sohu.com/a/278404527_100165280)

3.2 造山运动和造山带

3.2.1 什么是造山带?

造山带,是地球上部由岩石圈剧烈构造变动和其物质与结构的重新组建使地壳挤压收缩所造成的狭长强烈构造变形带,往往在地表形成线状相对隆起的山脉。一般与褶皱带、构造活动带等同义或近乎同义。包括地壳挤压收缩,岩层褶皱、断裂,并伴随岩浆活动与变质作用所形成的山脉,以及拉伸构造、剪切走滑在形成裂谷、裂陷盆地的同时,相对造成周边抬升,构成的山系。这种横向收缩、垂向增厚,隆升成山而造成构造山脉的作用称为造山作用或造山运动,与地壳运动中的造陆运动相提并论。造山带是岩石圈和地壳中最强烈的活动带,因此成为岩石圈和地壳形成演化信息储存和记录最多的关键研究地带。

说到造山运动,有3种类型的板块碰撞能导致山脉的形成:

(1)海洋板块和大陆板块碰撞造山作用。当洋底地壳撞到大陆地壳时,由于洋底地壳较重,所以它沉降到大陆地壳之下,在洋壳潜没的过程中,它部分熔融,在大陆岩石中生成火成岩带,洋壳继续碰撞运动,引起了褶皱、断裂和其前缘的抬升,这种类型的造山运动可以在南北美洲的太平洋沿岸观察到,如落基山和安第斯山就是这样形成的(图3–17)。

(2)大洋板块相互碰撞造山作用。当两块大洋板块碰撞时,俯冲下去的那块板块熔融了,并最终以熔岩的形式返回地表。环太平洋的火山岛弧由此而形成(图3–18)。

(3)大陆板块相互碰撞造山作用。当两块大陆板块碰撞时,地壳本身趋于褶皱、断裂和抬升。印度板块和欧亚板块相撞造成了喜马拉雅山。碰撞、旋转、拼合、陆内挤压和逸出、反弹是造山带形成的5个主要过程(图3–19)。

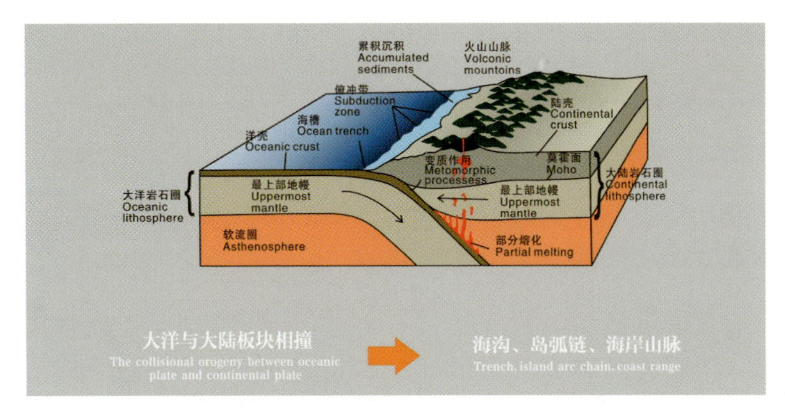

图 3–17　大洋与大陆板块碰撞造山示意图(引自 https://slideplayer.com/slide/4834986/，有修改)

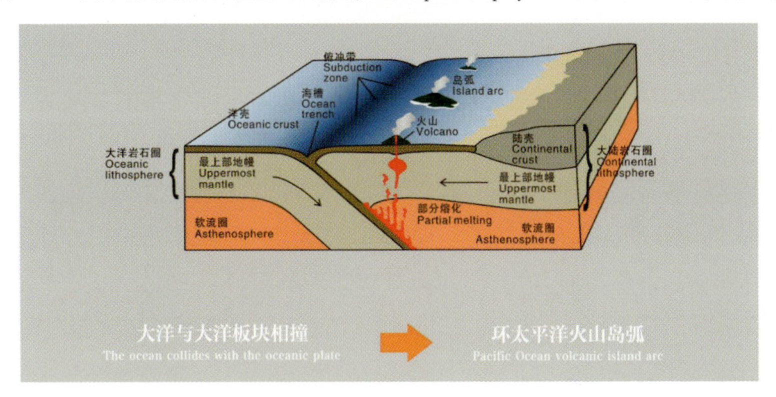

图 3–18　大洋板块相互碰撞造山示意图(引自 https://slideplayer.com/slide/4834986/，有修改)

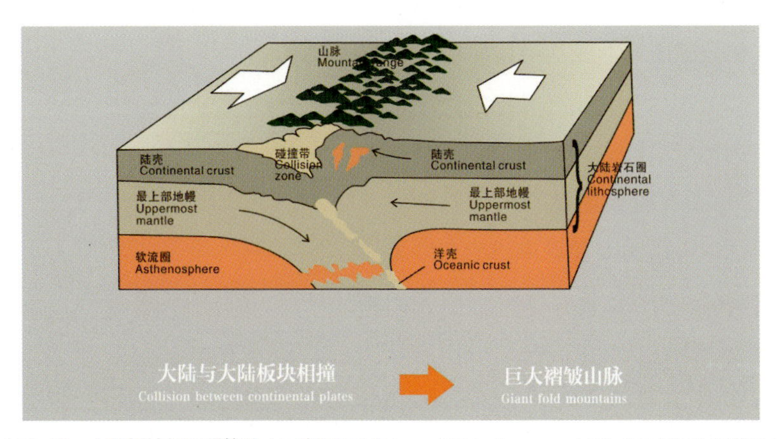

图 3–19　大陆板块相互碰撞造山示意图(引自 https://slideplayer.com/slide/4834986/，有修改)

3.2.2 什么是大陆造山带？

大陆造山带是大陆上两大基本构造单元之一，是研究大陆岩石圈结构、构造和动力学的“天然实验室”(李亚林等,1999)。全球不同时期的大陆造山带都记录了复杂的演化历史和大陆生长过程，从大陆裂谷、大洋扩张、洋壳俯冲、大洋闭合、大陆碰撞/俯冲到山脉形成和垮塌,构成了完整的构造旋回现象,被称为威尔逊旋回。所有大陆造山带都伴随有不同程度的岩浆活动,可以说,自太古宙以来,大陆地壳的生长过程是不同大小陆块之间不断拼合的结果(宋述光等,2015)。

3.2.3 造山带的形成

3.2.3.1 造山带的形成阶段

造山带的形成包括以下 5 个主要的过程：

(1)碰撞。这是大陆碰撞造山作用的早期阶段。随着大洋板块在海沟发生俯冲消减,由其分隔的两个大陆逐渐靠拢。由于陆块的边缘大都不可能是完全平直,而且运动方向也很少与陆块边缘完全垂直。这样,可能在大型犄角处首先接触而发生早期的陆－陆局部碰撞与局部强烈挤压,可能导致超高压变质岩的生成。

(2)旋转。大陆块体在经过局部陆－陆碰撞后,一部分地区首先形成陆相沉积环境,而另一部分地区仍处于海相环境,甚至发育深水沉积。由于持续的挤压作用,大陆块体间逐渐发生大规模旋转。

(3)拼合。这是一个承前启后的阶段。在完成大规模的旋转后,大陆块体进入拼合阶段。此时,大洋盆地基本消减殆尽,大陆碰撞作用已完成了边缘构造的局部调整,进入了全面拼合阶段。由于局部应力场的调整,可能出现不同规模的构造旋转现象。

(4)陆内挤压和逸出。经过拼合阶段的不断调整,进入陆块间和陆缘挤压阶段。此阶段主要是逐步形成前陆褶皱冲断带。同时,可能出现大规模的构造逸出或逃逸构造现象。

(5)反弹。随着挤压作用的逐渐衰减枯竭，造山带进入相对松弛阶段,即所谓反弹,其积聚的巨大能量将得以释放。在这期间,以大量伸展构造的发育和岩浆活动为特征。

3.2.3.2 造山带的特征标志(张原庆等,2002)

(1)造山带是地壳的缩短带。造山带的地壳缩短可以由挤压作用直接产生,也可以由斜向走滑作用衍生。

(2)造山带广泛发育塑性流动、韧性剪切、褶皱、冲断和/或剪压构造带。早期造山作用和褶皱作用有相通的意思,现在看来褶皱和冲断推覆构造的发育程度仍然是造山带和克拉通地区的主要宏观构造区别之一。

(3)造山带有广泛的变质作用发生,岩石组构发生改变。

(4)造山带有强烈的中酸性岩浆活动,有广泛的热参与。

(5)造山带沉积以非史密斯地层为主。较大规模的造山带通常有蛇绿混杂岩带存在。

(6)地壳中参与造山作用的主体是硅铝层陆壳物质,洋壳物质以残留体形式存在,在整个造山带中所占的比例很小。

3.2.3.3 造山带的分类

对造山带进行分类是造山作用研究的主要课题之一。近年来国内外一些知名学者对造山带的分类提出了不同的划分方案(表3–3)。

表3–3 不同学者对造山带的划分

划分者	时间	划分类型	划分依据
Suess	1875	环太平洋型(弧形造山带)、特提斯型(碰撞型造山带)	
Dewey等	1970	大陆边缘岩浆弧造山带、岛弧造山带、陆–陆碰撞造山带、弧–陆碰撞造山带	板块理论
Wilson	1989	垂直隆升型、水平剪切型、水平挤压型	板块边界的类型
Sengor	1990	剪压型、俯冲型、仰冲型、碰撞型	汇聚边缘的活动方式
崔盛芹等	1999	陆缘型、陆间型、陆内型	岩石圈板块聚合阶段
张原庆	2002	板内型、碰撞型、俯冲型	构造背景–成因机制

3.2.3.4 造山带的分布

造山带是大陆地壳上相对活动的构造带，其形成和演化受全球构造格局的控制，因此与陆间、洋间有关的造山带必然具有全球规模。全球造山带大致可分为5个带：环太平洋带、特提斯带（地中海－喜马拉雅带）、乌拉尔－兴（安岭）蒙（古）带、北大西洋带和北冰洋带（吴根耀，2000）（图3-20）。

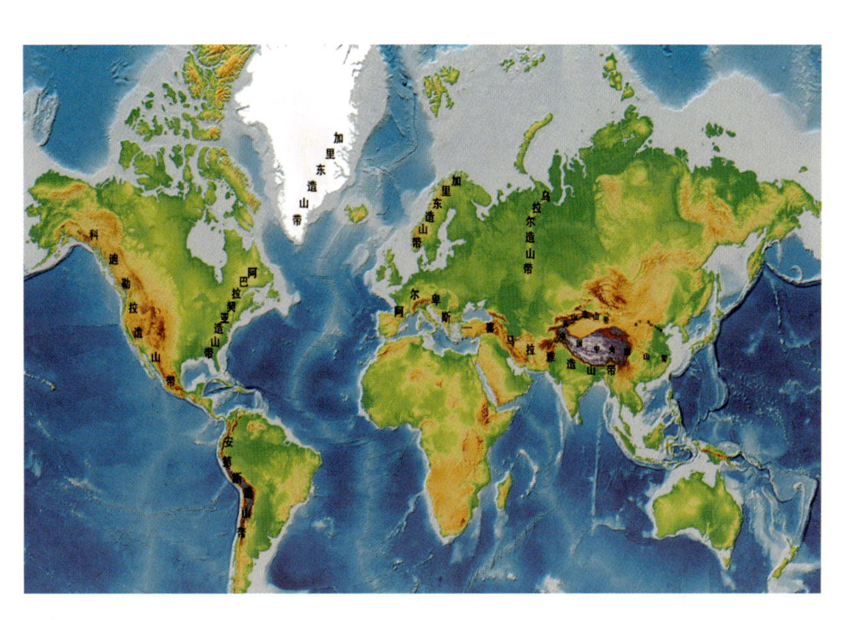

图3-20　全球造山带分布图

（引自 https://www.artfile.ru/i.php?i=495910，有修改）

3.2.4 世界著名造山带

在博物馆的“全球造山带展厅”（图3-21、图3-22），我们可以通过图片，解说，影像，模型等了解全球造山带的分布，类型和特征。

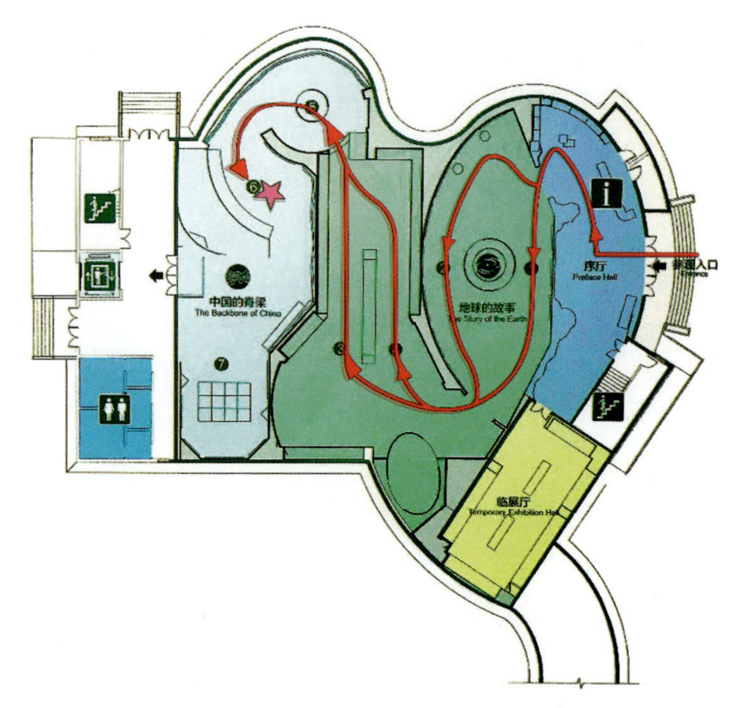

图 3-21　当前位置——⑥全球造山带的分布

图 3-22　全球造山带展厅

3.2.4.1　阿尔卑斯造山带

阿尔卑斯造山带呈近东西向展布，为纬向造山带，西起法国东南部的尼斯附近地中海海岸，呈弧形向北、东延伸，经意大利北部、瑞士南部、列支敦士登、德国西南部，东至奥地利的维也纳盆地，全长约1200km（图3-23）。自古近纪开始，由于阿尔卑斯运动（中国称喜马拉雅运动），使沿欧洲南部中生代的古地中海发生了强烈褶皱，形成横贯东西（从西班牙至亚洲南部）的阿尔卑斯-喜马拉雅山脉。严格地说，此词只限于造山带的北翼，由徐士（E.Suess）创名，同义词有“地中海带”“阿尔卑斯-喜马拉雅带”。板块构造学说认为，这个造山带属碰撞型山链。

3.2.4.2　乌拉尔造山带

乌拉尔造山带是西伯利亚板块与俄罗斯板块之间的一条大型海西碰撞造山带（Hamilton，1970），

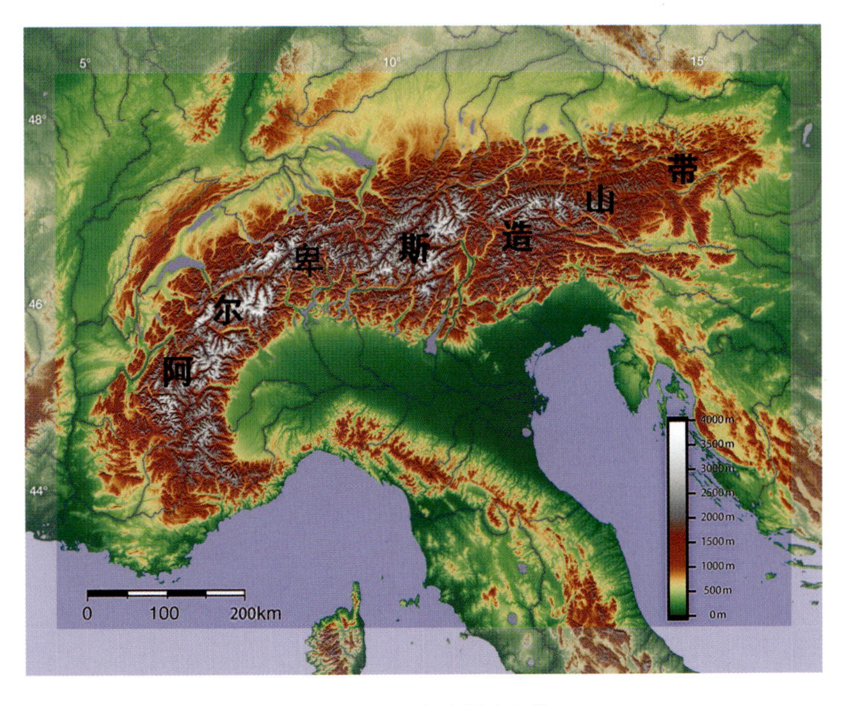

图3-23　阿尔卑斯造山带

（引自 https://www.wikiyy.com/en/Alps，有修改）

由一系列平行于俄罗斯板块东缘的构造带组成(图 3-24)。在地理上，它是亚洲和欧洲的分界线之一。最西部的构造带纵贯整个乌拉尔山脉;东部的构造带仅见于乌拉尔造山带的中部和南部,向北依次消失于中—新生代盖层之下。当地拉尔山地和北、中、南乌拉尔山 5 段。造山运动前为俄罗斯板块和西伯利亚板块之间的乌拉尔洋，两板块相向移动挤压褶皱成山，之后仍多次运动,构造复杂。山体主要由火成岩组成，还有变质岩、沉积岩等(杨孝群等,2011)。

地质学家将乌拉尔造山带由西向东分为外乌拉尔前渊、西乌拉尔带、中乌拉尔带、主乌拉尔缝合带、玛格尼托果尔斯克带、东乌拉尔带和乌拉尔转换带等（李曰俊等，2000)。

乌拉尔山脉大致呈南北走向,北起北冰洋喀拉海沿岸,南至哈萨克草原地带,绵延 2500km 以上，宽 40～150km。整条山脉自北至南分为极地、亚极地乌

图 3-24　乌拉尔造山带

(引自 https://www.nationsonline.org/oneworld/map/European-Russia-map.htm,有修改)

3.2.4.3 科迪勒拉造山带

科迪勒拉山系是世界上最长的褶皱山系，纵贯南北美洲大陆西部，北起阿拉斯加，南到火地岛，绵延约 1.5 万 km（图 3-25）。它属于中新生代褶皱带，主要形成于中生代下半期和古近纪，褶皱断层构造复杂，地壳活动至今仍在继续，多火山地震，是环太平洋火山地震带的重要组成部分。

科迪勒拉山系由一系列平行山脉、山间高原和盆地组成，山脉一般为南北或北西－南东走向。该山系的北美部分称为落基山脉，南美部分称为安第斯山脉。北美科迪勒拉山系宽度较大，约 800～1600km，海拔较低，约 1500～3000m。地形结构包括东西两列山带和宽广的山间高原盆地带。自墨西哥向南，山系逐渐变窄，分为两

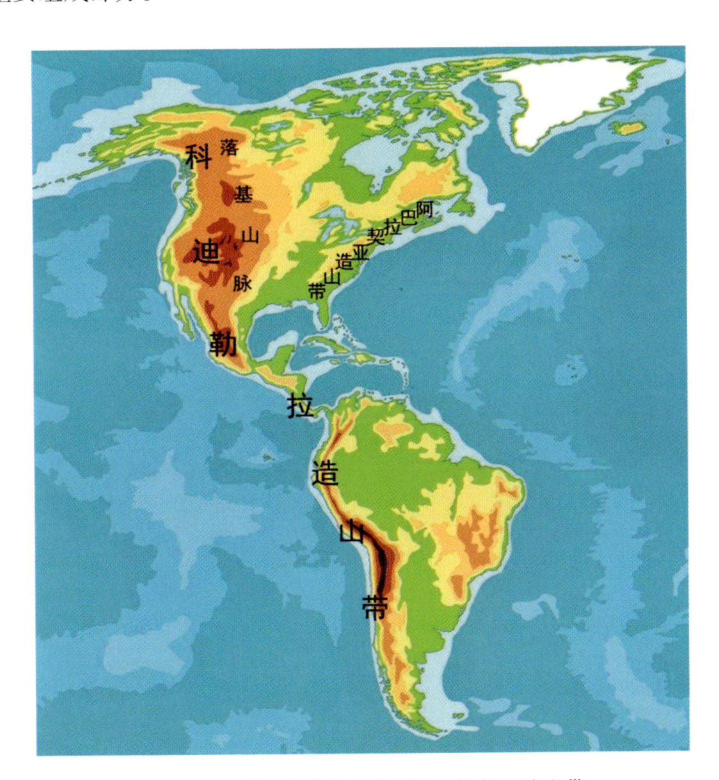

图 3-25 科迪勒拉造山带和阿巴拉契亚造山带
（引自 https://mapamundi.online/america/，有修改）

支：一支向南经中美地峡伸入南美大陆，大部分为火山林立、地形崎岖的山地；另一支向东经大、小安的列斯群岛伸入南美大陆，各岛多为山地盘踞。南美科迪勒拉山系以安第斯山脉为主体，中段夹有荒漠高原和山间小盆地，其宽度较窄，约300～800km，但海拔很高，多在3000m以上。尤其是介于南纬4°～28°的中段，山势雄伟，平均海拔在4500m以上，许多高峰达5000～6000m。西半球和南美最高峰阿空加瓜山，海拔6964m。

3.2.4.4　阿巴拉契亚造山带

阿巴拉契亚山脉，又译阿帕拉契山脉，是一条位于北美洲东部的巨大山系（图3–25）。山脉从加拿大的纽芬兰省起，经过美国东部，向南直到拉巴马州中部，呈现为北东－南西走向。因新生代造山运动所产生的隆起，导致了古褶曲的底盘完全露出，结晶质的岩石裸露于地表。山脉北部宽度在130～160km之间，南部宽度在480～560km之间，全长约3200km（一说2600km）。整座山脉由东北到西南被分割成许多平行的山脉，山脉之间有许多深谷。最高峰是米切尔峰，海拔2037m，为美国东部的最高点。

3.3　中国主要的造山带

中国主要有五大造山带，分别是天山－兴蒙造山带、中央造山带、喜马拉雅造山带（滇藏造山系）、华南造山带和西太平洋造山带。

3.3.1　天山–兴蒙造山带（中亚造山带）

天山－兴蒙造山带是我国北方囊括天山以北、蒙古高原到大兴安岭以及东北辽阔地域的造山带

(图 3–26)。它夹于西伯利亚板块和中朝－塔里木(西域)板块之间,属于世界上规模最大的古生代构造域——古亚洲洋构造域之中(过去称中亚－蒙古构造带或称乌拉尔－蒙古－鄂霍茨克弧形构造带的一部分,20 世纪 90 年代以来被称为中亚造山带)。这个构造带中发育多条蛇绿岩带,而且自北而南在时代上由老变新,有一定的规律性。蛇绿岩套作为古洋壳的残片经常被当作古洋壳俯冲边界的标志,提示我们这里曾经存在过一个已消亡的古海洋,这种认识得到了古地磁、古动物、古植物、古气候资料的支持。

3.3.2 中国中央造山带(秦岭–大别造山带)

中国中央造山带,即秦岭－大别造山带,位于北中国板块与南中国板块之间,是中国大陆上一条十

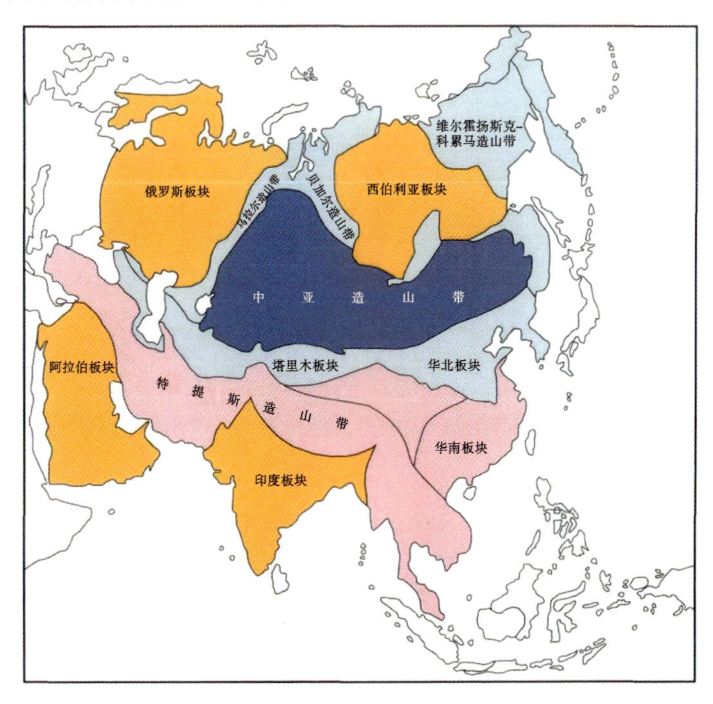

图 3–26 天山–兴蒙造山带构造分区略图(据罗婷,2016,有修改)

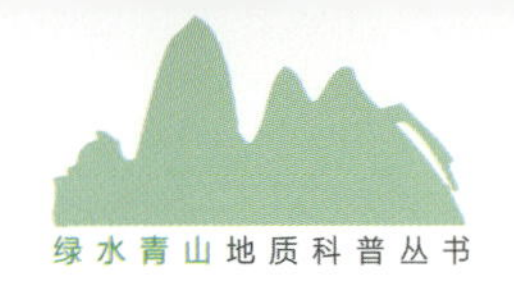

分醒目而又极其重要的巨型（长5000km）构造带，包括东西昆仑、祁连、秦岭、大别－苏鲁带和柴达木地块（图3–27）。它经历了大致600Ma的活动历史，是由泥盆纪和三叠纪的两次碰撞造山以及白垩纪以来的陆内造山过程构筑而成的典型“复合造山带”，地质构造复杂，记录了我国南北大陆相互作用的地质历史，将中国地质、资源和生态环境等分成南北两大不同区域，构成南方与北方自然环境的天然分界线。

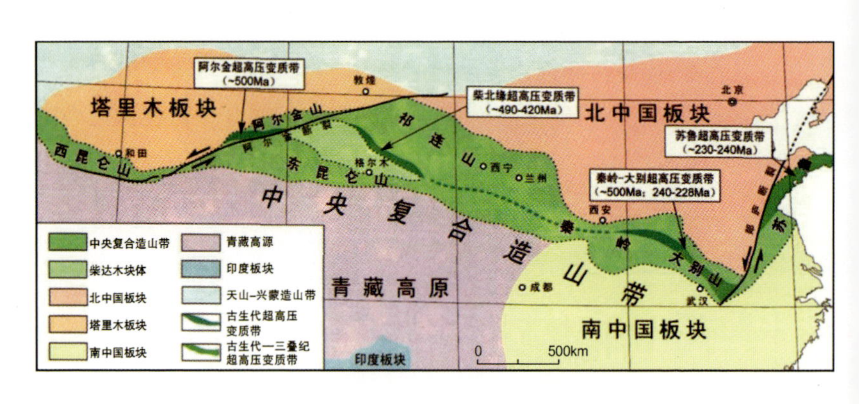

图3–27　中国中央造山带(据杨经绥等,2010)

中国中央造山带的原型是由一系列微板块加上分别位于现今北面（古亚洲洋）和南面（特提斯洋）的两列不同时期的小洋盆组成的。微板块群的主体分布于柴达木、中祁连、中秦岭、大别－苏鲁地区，其沉积以浅海相和陆相沉积为特点，构成特提斯洋中最早和最北的一列微板块。

在全球复合造山带中，中国中央巨型造山带具有结构复杂性、活动长期性和非原地性，造山过程多期性以及造山带拼贴与大陆增生方式特殊性的特点。特别是世界最大规模的中央超高压变质带及其两期超高压变质作用的发现，揭示了中央造山带的形成还经历了板块汇聚边界洋壳/陆壳深俯冲至100km以上的地幔深处的两次壮观地质事件，使中央造山带成为全球造山带中最为精彩和不可多得的典型，与青藏高原一样，被国内外地学家们誉为当今中国地学研究的“瑰宝”(杨经绥等，2010)。

3.3.3 喜马拉雅造山带(滇藏造山系)

喜马拉雅山脉位于青藏高原南巅边缘，是东亚大陆与南亚次大陆的天然界山，也是中国与印度、尼泊尔、不丹、巴基斯坦等国的天然国界，其主要部分位于中国和尼泊尔交接处(中国境内部分为滇藏造山系)(图3-28)。

喜马拉雅造山带是世界上最新、保存最好的大陆碰撞造山带之一，是新生代印度-欧亚大陆碰撞形成的最为典型的陆-陆碰撞型造山带，造山带结构构造复杂，可大致划分为以逆冲推覆构造为主的南喜马拉雅造山带和以各种伸展性构造为主的北喜马拉雅造山

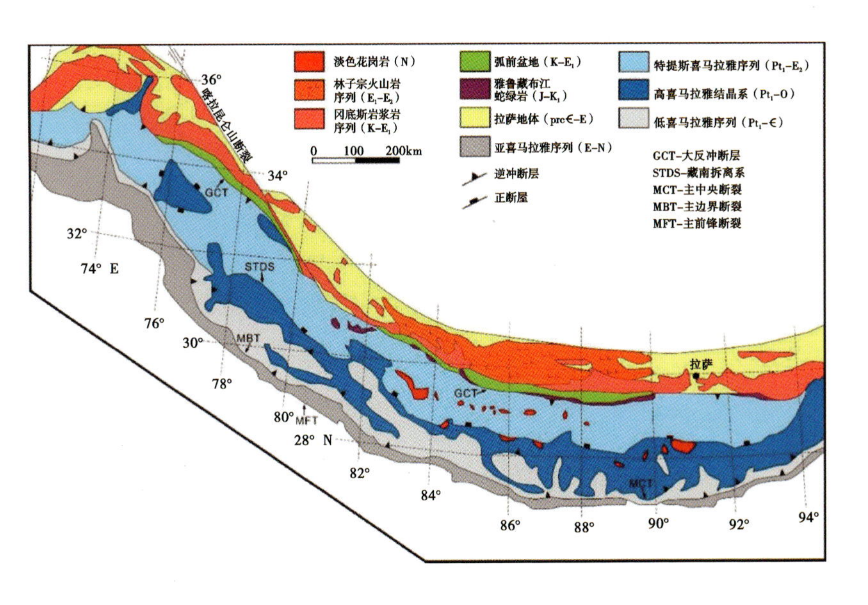

图3-28 喜马拉雅造山带地质简图(据房大任，2018)

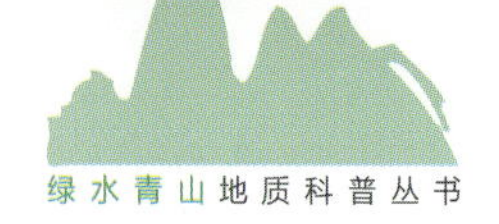

带。造山带内各类构造均发生过多期形变，且发生过多次缩短与伸展的构造反转。由于碰撞时限新，与碰撞和造山相关的构造保存相对完整，并且许多造山地质过程仍在持续，因此喜马拉雅山造山带成为研究板块运动和造山作用的天然实验室（张进江等，2013）。

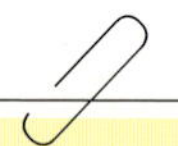

来自珠穆朗玛峰的礼物

在博物馆内有一颗不起眼的小岩石标本（图3–29），这块岩石是珠穆朗玛峰峰顶的岩石，它的背后有着一段特殊的故事。2010年11月，中国地质大学组建珠峰登山队。经过全校范围内的层层选拔、多轮测试和两年的艰苦训练，最终产生了26名登山队员。2012年3月19日，中国地质大学珠峰登山队正式出征，登山队决定于5月13日正式向珠穆朗玛峰顶峰发起冲击，然而冲顶的过程却没有登山队员想象的容易。因天气状况不佳，登山队一度受阻于海拔7500m左右的“大风口”，直至17日风力转小，在校大学生德庆欧珠、次仁旦达、陈晨和教师董范4人组成的攻顶小分队一举突破“大风口”，到达海拔7790m的营地。18

图3–29　珠穆朗玛峰峰顶岩石标本

日，他们到达海拔 8300m 的突击营地。从 8300m 突击营地到峰顶，路程不足 2km。可就是这一段路，通常却要耗费登山者 6 至 7 个小时的时间。4 名队员克服艰难险阻最终于 19 日 8 时 16 分成功登顶。

在登顶过程中发生了一件小事，但对次仁旦达来说却是一件神圣而危险的事情。海拔 7900m 处，次仁旦达看见身边不远处有一个丢弃的水壶。在超过每秒 20m 的风速之下，他把自己的保护锁挂在主绳上，以缓慢的节奏艰难地一步步向那个被丢弃的水壶挪动过去。刚要踏过去，不曾想水壶下面居然是一处冰裂缝，次仁旦达差一点儿就跌入了悬崖。在这个海拔高度攀登，随时都有可能出现掉入裂缝、雪崩、冻伤的危险。而这次清理废弃水壶行动，像是在刀尖上跳舞，随时都有可能丧命。

3.3.4 华南造山带

华南造山带占据我国华南地区的大部分区域，位于扬子古板块(地台)东南侧。西北侧沿江南古陆与扬子板块(地台)相邻，西部与喜马拉雅造山带相邻，东南以台湾海峡与西太平洋造山系的台湾造山带毗邻。该造山带是我国大地构造单元中比较特殊的一个，既具有造山带特征，也具有稳定地块的特性。华南造山带地势特征表现主要为丘陵，只在西南部为云贵高原的一部分。在山系之间发育一系列大小不等的山间红色盆地(图 3-30)。

3.3.5 西太平洋造山带

西太平洋造山带，又称“中国沿海大陆边缘造山带”，主要是从印支期以后发展起来的，为中新生代造山系中新生代造山系的发育地区，在我国境内，属于西太平洋造山系的主要有 2 个造山带：乌苏里造山带和台湾造山带。该带地质形成时间为侏罗纪—第四纪，为纵谷断裂，主要以沉积岩、熔岩和火山碎屑岩为主。

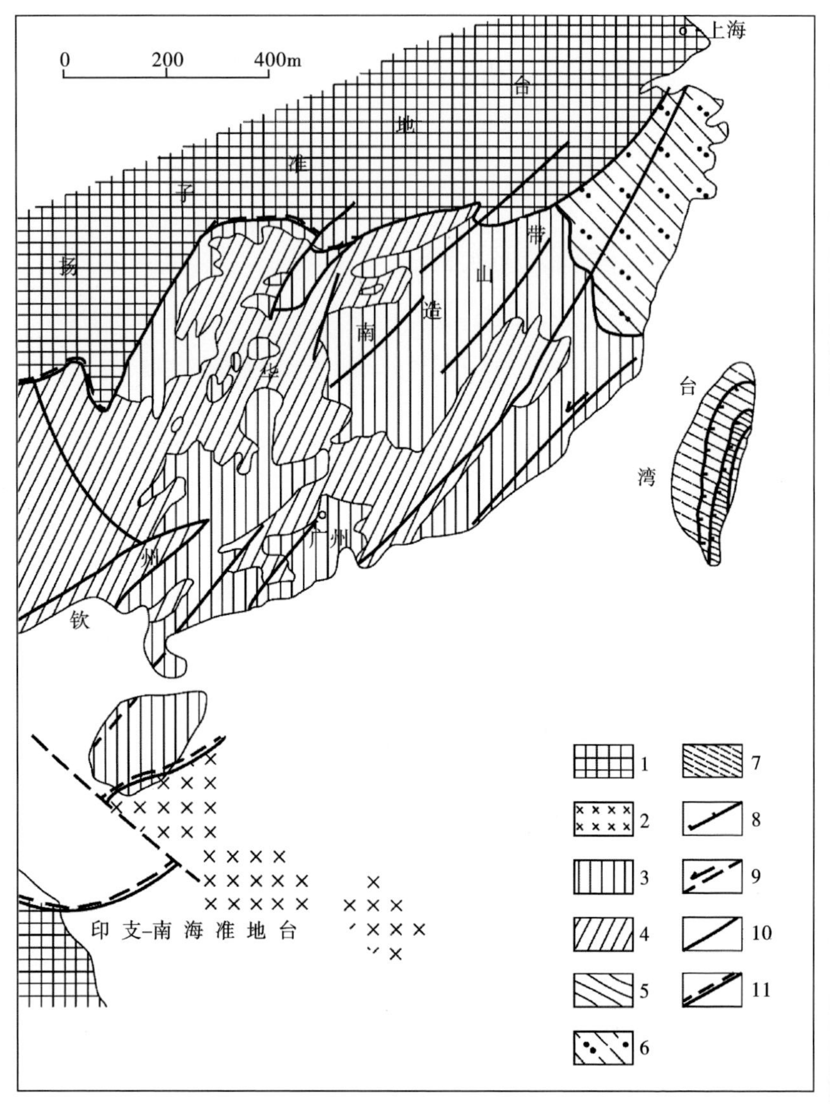

图 3-30　华南造山带及邻区大地构造简图(据项新葵,2007,有修改)

1.前震旦纪准地台;2.前震旦纪准地台(已裂解沉没,目前仅为大陆残块);3.加里东褶皱带;4.印支台褶带;5.喜马拉雅褶皱带;6.强烈卷入加里东及印支、燕山造山作用的前震旦纪变质杂岩(陈蔡群等);7.强烈卷入喜马拉雅(台湾)造山作用的古生代及中生代变质杂岩(大南澳群);8.逆掩断层;9.走滑断层;10.断层(性质未分);11.构造单元界线

3.4 造山带上的世界地质公园

3.4.1 分布在造山带上的世界地质公园

联合国教科文组织(UNESCO)于2000年开始推行建立世界地质公园计划，到2004年后一些具世界文化遗产意义的世界地质公园陆续建立。截至2019年6月，联合国教科文组织世界地质公园(UNESCO Global Geoparks，简称UGG)共有147个成员，分布在全球41个国家(表3-4)。在全球各国中，中国拥有量最多，达39个，占总数的26.53%。

表3-4 世界地质公园在全球的分布情况一览表①

大洲	国家(数量)
亚洲(60)	中国(39)、日本(9)、印度尼西亚(4)、韩国(3)、越南(2)、马来西亚(1)、伊朗(1)、泰国(1)
欧洲(75)	西班牙(13)、意大利(10)、法国(7)、英国(6)、德国(5)、希腊(5)、葡萄牙(4)、挪威(3)、奥地利(2)、克罗地亚(2)、冰岛(2)、爱尔兰(2)、捷克(1)、芬兰(1)、丹麦(1)、德国/波兰(1)、匈牙利(1)、匈牙利/斯洛伐克(1)、爱尔兰/北爱尔兰(1)、荷兰(1)、罗马尼亚(1)、斯洛文尼亚(1)、斯洛文尼亚/奥地利(1、)土耳其(1)、塞浦路斯(1)、比利时(1)
美洲(10)	加拿大(3)、墨西哥(2)、巴西(1)、乌拉圭(1)、智利(1)、厄瓜多尔(1)、秘鲁(1)
非洲(2)	摩洛哥(1)、坦桑尼亚(1)

① 引自http://cn.globalgeopark.org/parkintroduction/index.htm。

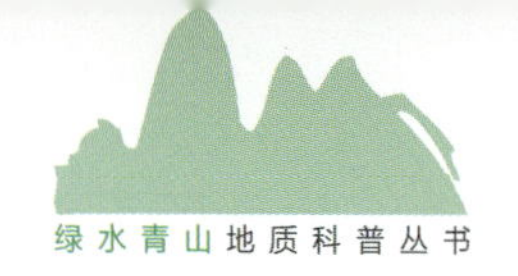

目前全球世界地质公园主要围绕全球造山带分布，其中最为集中的区域主要在阿尔卑斯－喜马拉雅造山系和中国中央造山带区域内，以中国为例，在现有39个世界地质公园中，有17个世界地质公园在造山带中，占中国现有世界地质公园的44%，可见造山带的区域分布对地质遗迹资源及地质公园建设选址、主要地质特征具有决定性作用(图3-31)。

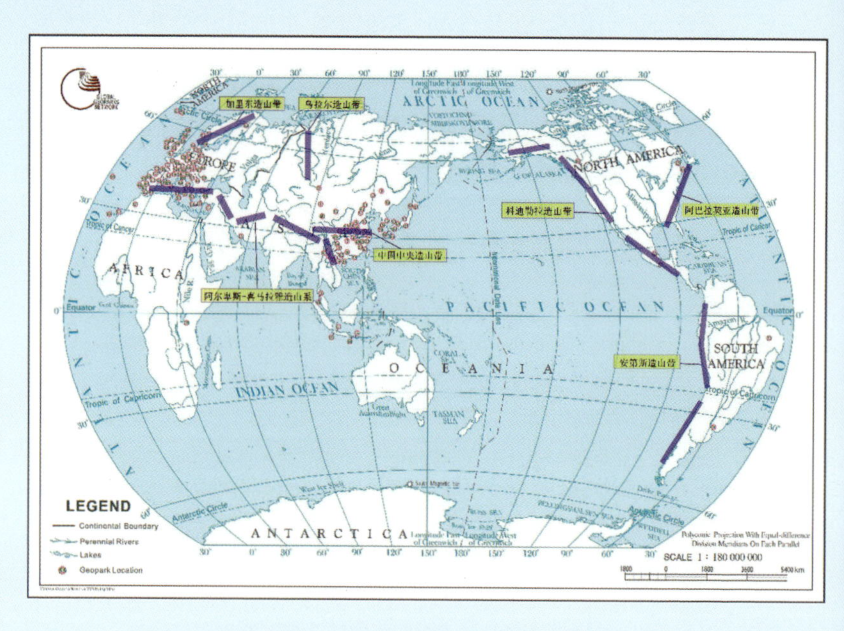

图3-31　全球造山带上的世界地质公园

(引自 http://cn.globalgeopark.org/fytt/distribution/6495.htm，有修改)

截至2019年10月9日，中国政府已陆续批准命名国家地质公园219处，其中39处已批准为世界地质公园(表3-5、表3-6)。

表 3-5　中国世界地质公园分布情况一览表

序号	地质公园	批次	所在省、区、市	所属大地构造区
1	黄山世界地质公园	第一批	安徽省	扬子地台
2	庐山世界地质公园	第一批	江西省	扬子地台
3	云台山世界地质公园	第一批	河南省	华北地台
4	石林世界地质公园	第一批	云南省	滇藏造山带
5	丹霞山世界地质公园	第一批	广东省	华南造山带
6	张家界世界地质公园	第一批	湖南省	扬子地台
7	五大连池世界地质公园	第一批	黑龙江省	天山-兴蒙造山带
8	嵩山世界地质公园	第一批	河南省	华北地台
9	雁荡山世界地质公园	第二批	浙江省	华南造山带
10	泰宁世界地质公园	第二批	福建省	华南造山带
11	克什克腾世界地质公园	第二批	内蒙古自治区	天山-兴蒙造山带
12	兴文石海世界地质公园	第二批	四川省	扬子地台
13	泰山世界地质公园	第三批	山东省	华北地台
14	王屋山-黛眉山世界地质公园	第三批	河南省	华北地台
15	雷琼世界地质公园	第三批	广东省、海南省	华南造山带
16	房山世界地质公园	第三批	北京市、河北省	华北地台
17	镜泊湖世界地质公园	第三批	黑龙江省	天山-兴蒙造山带
18	伏牛山世界地质公园	第三批	河南省	中央造山带
19	龙虎山世界地质公园	第四批	江西省	扬子地台
20	自贡世界地质公园	第四批	四川省	扬子地台
21	阿拉善沙漠世界地质公园	第五批	内蒙古自治区	华北地台
22	秦岭终南山世界地质公园	第五批	陕西省	中央造山带
23	乐业-凤山世界地质公园	第六批	广西壮族自治区	扬子地台
24	宁德世界地质公园	第六批	福建省	华南造山带
25	天柱山世界地质公园	第七批	安徽省	中央造山带
26	香港世界地质公园	第七批	香港特别行政区	华南造山带
27	三清山世界地质公园	第八批	江西省	扬子地台

续表 3-5

序号	地质公园	批次	所在省、区、市	所属大地构造区
28	神农架世界地质公园	第九批	湖北省	扬子地台
29	延庆世界地质公园	第九批	北京市	华北地台
30	大理苍山世界地质公园	第十批	云南省	滇藏造山带
31	昆仑山世界地质公园	第十批	青海省	中央造山带
32	织金洞世界地质公园	第十一批	贵州省	扬子地台
33	敦煌世界地质公园	第十一批	甘肃省	塔里木地台
34	阿尔山世界地质公园	第十二批	内蒙古自治区	天山-兴蒙造山带
35	可可托海世界地质公园	第十二批	新疆维吾尔自治区	天山-兴蒙造山带
36	光雾山-诺水河世界地质公园	第十三批	四川省	扬子地台
37	黄冈大别山世界地质公园	第十三批	湖北省	中央造山带
38	九华山世界地质公园	第十四批	安徽省	扬子地台
39	沂蒙山世界地质公园	第十四批	山东省	华北地台

表 3-6　大地构造单元上分布的中国地质公园一览表

性质	构造分区	地质公园数量(个)		
		世界地质公园	国家地质公园	总数
造山带	天山-兴蒙造山带	5	10	15
	中央造山带	5	16	21
	滇藏造山带	1	12	13
	华南造山带	6	20	26
	西太平洋造山带	0	0	0
地台	华北地台	8	61	69
	塔里木地台	1	1	2
	扬子地台	13	60	73
总数		39	180	219

3.4.2 秦岭–大别造山带上的世界地质公园

3.4.2.1 黄冈大别山世界地质公园

湖北黄冈大别山世界地质公园所处的大别造山带属秦岭–大别造山带的东段，在大地构造上处于华北板块和扬子板块的结合带，呈北西西向延伸，宽 200km，绵延 380km，以中生代花岗岩地貌为特征，具有典型性、科学性及美学价值。自太古宙以来，大别山地区经历多次构造运动及多期变质变形作用，存在复杂的地层序列、岩石组合和构造变形记录，反映了华北地块与扬子地块的裂解、聚合的复杂过程，是研究大陆造山带和中国中东部地质的关键地区，是罕见的研究地球早期演化的窗口和研究造山带地质学的天然实验室（图 3–32）。

图 3–32　黄冈大别山世界地质公园[①]

① 引自黄冈大别山世界地质公园官网。

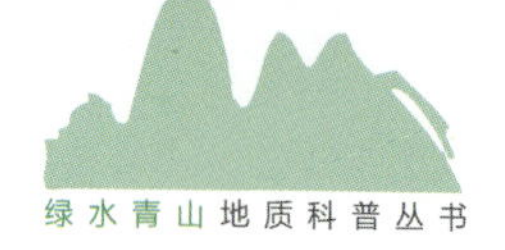

3.4.2.2　天柱山世界地质公园

天柱山世界地质公园地处华北、扬子两大板块之间大别造山带的东段与郯庐断裂带的复合部位。由于受节理、劈理、断裂、崩塌、流水及风化等地质作用形成了雄奇灵秀的峰丛、峰林相间的地貌。这里是全球范围内规模最大、剥露最深、超高压矿物和岩石组合最为丰富的大别山超高压变质带的经典地段，记录了两大板块俯冲、碰撞的演化过程，是全球研究大陆动力学最典型的地区之一。天柱山世界地质公园分为南北两区，南区科考以超高压变质带、古生物化石、古人类遗址为主，北区以天柱山花岗岩峰林峰丛地貌为主①(图 3-33)。

图 3-33　天柱山世界地质公园

① 引自天柱山世界地质公园官网。

3.4.2.3 伏牛山世界地质公园

河南南阳伏牛山世界地质公园位于中国中央山系秦岭造山带东部的核心地段，由西北向东南绵延400余千米。经历了南北古陆碰撞、拼合、造山等地质过程，在秦岭造山带复合大陆动力学的研究中具有极高的科学价值，这古老的大山见证过恐龙的繁盛，更保留下了恐龙没落的秘密。公园内赋存的西峡巨型长形蛋、戈壁棱柱形蛋等为代表的恐龙蛋化石群堪称世界之最。伏牛山世界地质公园以秦岭造山带重要的板块缝合带构造遗迹及相关的沉积建造遗迹、古秦岭洋有限扩张小洋盆洋壳蛇绿岩残片遗迹及燕山期花岗岩峰林、峰丛地貌等为特色(图3-34)。

图3-34 河南南阳伏牛山世界地质公园

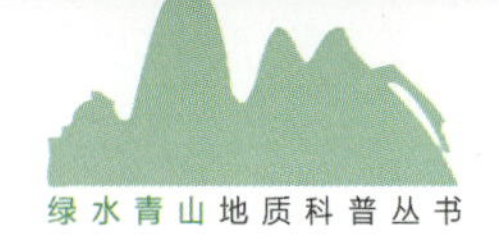

3.4.2.4 秦岭终南山世界地质公园

秦岭终南山世界地质公园地处秦岭造山带经典地段,属秦岭古生代褶皱带,地质构造发育历史悠久,受到多次地质构造的影响,被誉为“中国的中央国家公园”。秦岭造山带是早中生代南北两大陆块——华北克拉通和扬子克拉通碰撞的产物,是南北两个大陆边缘长期演化的产物,各部分性质和时代不同,是一个复杂的构造混杂(查方勇等,2016)。作为世界典型的复合型大陆造山带,秦岭造山带是形成统一中国大陆的主要结合带,横贯东西,位居中央,成为我国南北天然的地质、地理、生态、气候、环境,乃至人文的自然分界线。该公园以秦岭造山带地质遗迹、第四纪地质遗迹、地貌遗迹和古人类遗迹为特色,成为秦岭造山带科学内涵和地表景观风光的典型集中代表(图 3–35)。

3.4.2.5 三清山世界地质公园[①]

三清山世界地质公园是中国东南部以中生代花岗岩和元古宙—古生代地层为主的具有丰富地质遗迹与独特地质地貌现象的自然地理区域,公园位置处于扬子与华夏古板块结合带和欧亚大陆板块东南部与太平洋板块活动地带[②]。先后经历了加里东和印支 – 海西两次造山运动,中生代以来块段升降断裂构造为主的燕山运动和喜马拉雅运动,地质构造较复杂。三清山地质地貌构造位置处于扬子古陆和华夏古陆的结合带北侧,江南地体与怀玉孤岛弧地体拼接地带,以赣东北断裂带与扬子板块为界,东南以东乡 – 江山 – 绍兴断裂带与华夏加里东皱褶带为界。拥有丰富而极为珍稀的地质科学遗迹,见证了褶皱基底形成阶段、洋陆转化阶段、陆内发展阶段漫长而复杂的演变过程[③](图 3–36)。

① 引自世界地质公园网。
② 引自三清山世界地质公园博物馆。
③ 引自三清山世界地质公园官网。

图 3-35　秦岭终南山世界地质公园[①]

① 引自终南山世界地质公园官网。

图 3-36　三清山世界地质公园

4　巍巍大别　风景独好

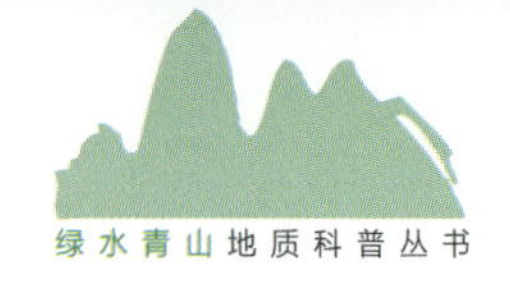

领略了地球46亿年的沧桑变幻，感受了造山带的地质演变过程，现在让我们走进博物馆的二楼，即将呈现在我们眼前的是一幅造山带上的美丽画卷——巍巍大别山(图4-1、图4-2)。

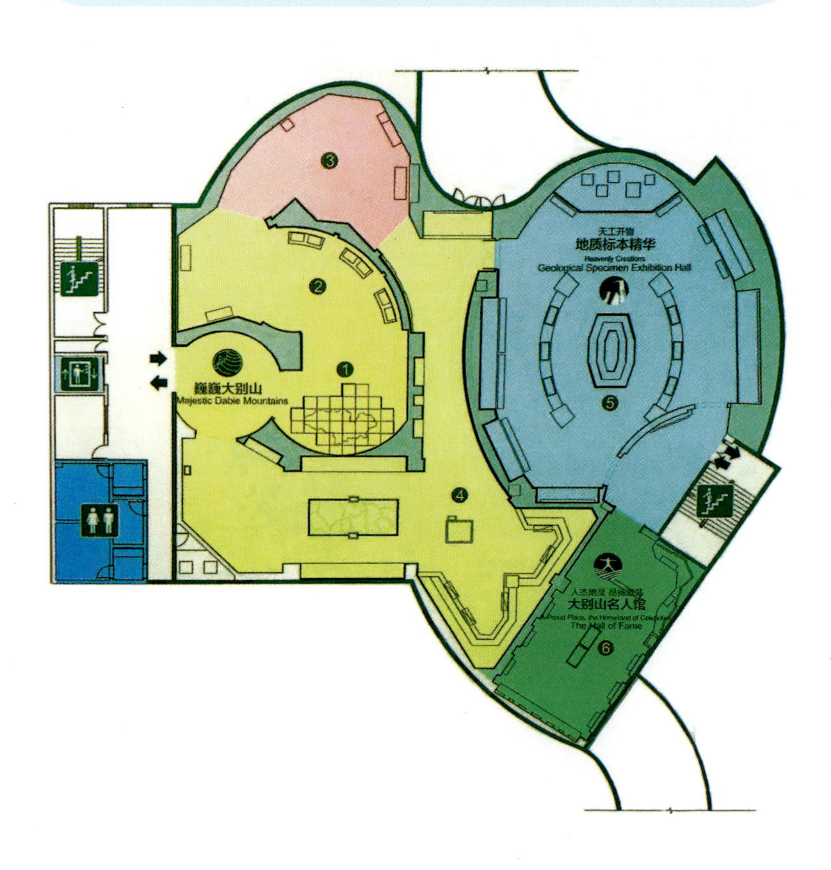

图4-1　博物馆二楼平面图

①造山带上的画卷——大别山；②令人神往的大别山地貌景观；③鬼斧琢岩，神工造山——大别山的形成过程；④腾挪跌宕，山水苍茫——大别山的魅力景观；⑤天工开物——地质标本精华；⑥人杰地灵，昂扬激荡——大别山名人馆

图 4-2　巍巍大别山展厅入口

4.1　造山带上的画卷——大别山世界地质公园

坐落于大别造山带上的黄冈大别山世界地质公园，地处湖北省黄冈市境内，跨麻城市、罗田县和英山县等二县一市，地理坐标为东经 115° 03′ 13″ ～115° 52′ 18″，北纬 30° 43′ 46″ ～31° 17′ 18″，海拔范围为 314～1 729.13m，总面积 2 625.54km^2。

黄冈大别山世界地质公园是一个典型的大陆造山带构造 - 花岗岩山岳地貌型地质公园，地质遗迹类型丰富，不仅拥有前寒武纪变质地层序列、最古老的变质岩(28亿年前的新太古代基底变质岩系）及其他的沉积岩和岩浆岩，还拥有地壳运动和板块俯冲形成的褶皱、断裂、节理等构造遗迹，拥有造山运动和地壳抬升形成的高耸山脉，有风化剥蚀、流水侵蚀、重力坍塌作用形成的峡谷沟壑、奇峰异岭、造型山石等典型的高山尖峰深谷型花岗岩地貌景观，这些特点使得黄冈大别山世界地质公园成为研究中国中央造山带的野外教科书和天然实验室(图4-3、图4-4)。

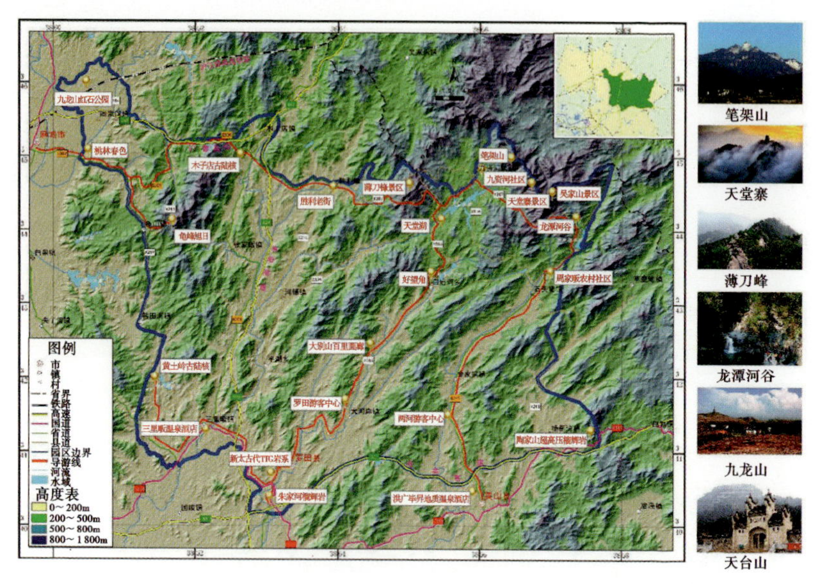

图4-3 黄冈大别山世界地质公园导览图

图4-4 造山带上的画卷——巍巍大别山

4.2 大别山之根

博物馆的这一部分，主要展示黄冈大别山地质最古老的岩石及其特征(图 4–5、图 4–6)。

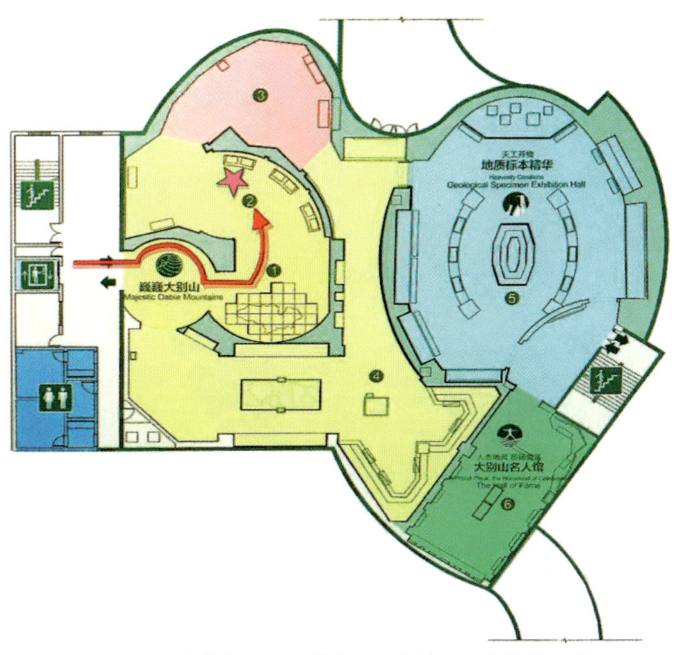

图 4–5　当前位置——②令人神往的大别山地貌景观

图 4–6　博物馆沙盘及投影展示设备

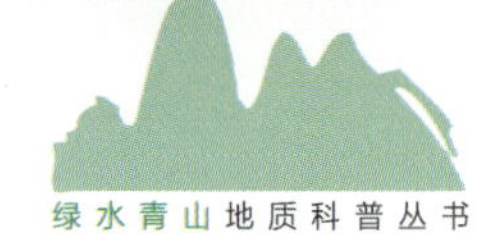

4.2.1 古陆核的形成

地球约有46亿年的历史，随着地球表面温度的下降，熔融炽热的地表固结成岩，形成古陆核。

◆什么是古陆核？

古陆核(craton)是指大陆地壳上长期稳定的构造单元，即大陆地壳中长期不受造山运动影响，只受造陆运动影响发生过变形的相对稳定部分，常与造山带(orogenic belt)对应。

“古陆核”一词是W.H.施蒂勒于1936年提出的，表示与造山带相对应的地壳稳定地区。古陆核即克拉通(craton)，源于希腊语Kratos，意为强度。1921年柯柏称之为“kratogen”，1936年施蒂勒改称“kraton”，当时还划分出高克拉通和低克拉通，分别对应于大陆和大洋盆地，由于后来已证实大洋是活动的年轻地壳，今克拉通一词仅用于大陆地区，是地盾和地台的统称(朱志澄等，2009)。

黄冈大别山世界地质公园及周边区域，出露了国内罕见的距今28亿年的古老变质岩——紫苏石榴黑云片麻岩，以及大片的原始造陆花岗侵入岩——TTG岩系。

博物馆存列的这块名为“紫苏石榴黑云片麻岩”的不起眼的石头(图4-7)，发现于罗田县黄土岭，出露仅约10m²，呈不规则团块状，主要矿物为石榴子石、黑云母、紫苏辉石、钾长石、斜长石、堇青石和石英等。该片麻岩形成深度大于30km，是典型的下地壳岩石。同位素测年表明，这块岩石已有28亿

图4-7 黄土岭古陆核——紫苏石榴黑云片麻岩(左)及其显微照片(右)

年的高龄。这足以说明,在28亿年之前,大别山地区就已经形成了原始的古陆核。而这种古老的岩石,被称为“大别山之根”,是大别造山带根带太古宙的花岗-绿岩带物质,也是大别山地区最古老的古陆核组成物质,是地球演化中古陆壳形成的重要证据。

4.2.2 TTG岩系是什么?

TTG岩系是一类包含了3种岩性的岩石的组合,这3类岩石分别为英云闪长岩(tonalite)、奥长花岗岩(trondhjemite)和花岗闪长岩(granodiorite)。早在20世纪70年代,科学家们就开始了对TTG岩系的系统研究(Anhaeusser et al,1969;Bliss et al,1969)而“TTG岩系”被正式命名以前,各国学者们习惯称其为“灰色片麻岩海(sea of grey gneisses)”(Jahn et al,1981)。因为TTG岩系构成了地球早期陆壳的主体,所以科学家们将TTG岩系的成因研究看作揭示早期地球演化特点的钥匙(Condie,2005;Rollinson,2009;张旗等,2012)。

在28亿年前或更早的时候,由于地球形成的初期具有强烈的活动性,大别山地区古陆核周边的线性裂谷带中发生频繁的火山活动,形成类绿岩带物质,稍后又发生了大规模的岩浆活动,并发生了广泛的韧性流变,形成肠状褶皱。距今25亿年左右的大别运动形成了英云闪长质片麻岩、花岗闪长质片麻岩和奥长花岗质片麻岩套(TTG)(图4-8),并发生混合岩化,

图4-8 罗田石源河TTG岩系花岗质片麻岩(左)及其显微照片(右)

最终形成大别山地区的古陆核，并在燕山期伴随造山带核部隆升出露至地表。

大别山地区的TTG岩系出露点，是我们了解大别山形成初期物质特点的重要窗口，是了解地球形成初期岩浆侵入活动及古陆壳形成的重要证据。

◆TTG的组成

英云闪长质片麻岩：是TTG岩系的主体岩石，出露面积超过总面积的70%，其矿物组合、化学成分、微量元素及稀土元素等特点，均与世界经典地区太古宙TTG岩系中的英云闪长质片麻岩特征非常相近。

花岗闪长质片麻岩：是TTG岩系中较次要的一种岩石，出露面积约占总面积的20%～30%，它们可能是下地壳或上地幔部分熔融岩浆经分离结晶的产物，其岩石学的最显著特征是钠质明显高于钾质。

奥长花岗质片麻岩：位于TTG片麻岩组合的偏中部，呈细小的岩株及岩脉状产出，出露面积较小，岩石常以含较少的暗色矿物，较细小的粒度及相对不明显的片麻理与英云闪长质片麻岩等相区别。

小知识

目前已知最古老的TTG岩系是在加拿大北部地区出露的Acasta花岗质片麻岩，同位素测年在40亿年以上(Bowring et al，1999)。而在澳大利亚西部Jack Hill地区发现的年龄在44亿年左右的碎屑锆石可能为花岗类岩石，其母岩浆很可能为TTG质(Wilde et al，2001)。因此，科学家推测，很可能在44亿年以前TTG岩系就已经在地球产出。那么，44亿年前地球上存在板块构造吗？目前我们还无法解答这个疑问。

4.3 漫长的大别山造山过程

距今25亿年前后，大别运动将华北与扬子原始古陆连成一片，形成了“古中国古陆”。后来的数亿年间，随着海水的浸漫，“古中国古陆”一片汪洋，出现了早期的浅海陆棚相沉积，它们与古陆核共同组成古陆壳和结晶基底。

距今约18亿年左右，“古中国古陆”发生裂解，大别山地区从裂谷逐步演化成宽广的大洋盆地，盆地中沉积了厚达数千米的“红安岩群”。距今16亿—10亿年间，大别山地区经历了从裂谷到大洋、最后俯冲消减的全过程。在距今约10亿年左右的晋宁造山运动中，扬子板块与华北板块开始对接，大洋盆地关闭，形成中国古陆。在随后2亿多年的演化历程中，大别山地区先后经历了南华大冰期的广泛剥蚀夷平和震旦纪的海洋沉积(图4–9)。

在距今5亿年前后的早古生代，晋宁运动形成的中国古陆再次发生裂解，沿高桥—浠水一带发生裂陷，并发展成大别小洋盆，南、北秦岭再次分开。在距今约2.5亿年左右的印支运动中，扬子陆块与华

图4–9　大别山造山过程展示墙及标本柜

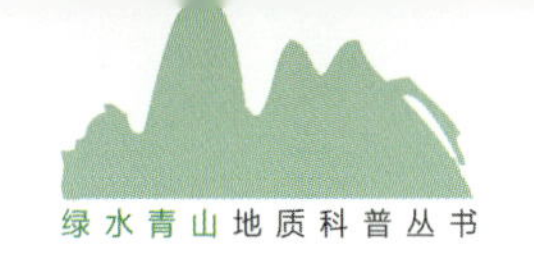

北陆块在高桥—浠水一带碰撞拼合，南、北两大地块又拼合在一起，形成了如今中国大陆的雏形。

从距今约2亿年的燕山期开始，扬子板块与华北板块以陆壳俯冲的形式从大别山地区的南北两侧向下俯冲，特别是南侧的下叠式俯冲，将大别山地区逐步抬升，直到距今1亿年前后，大别山完成了主造山过程(图4-10)。

秦岭—大别山地区，就是在这种多期次“开”“合”的地壳演化中，形成不同于其他造山带的“复合式造山带”。地质博物馆对这一过程进行了充分展示(图4-11)。

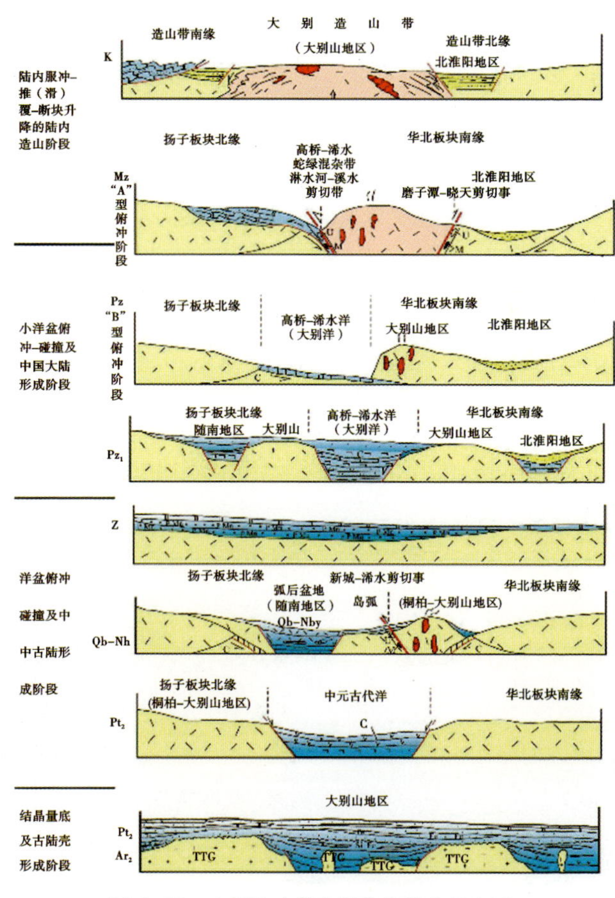

图4-10　大别造山带东段构造演化示意图

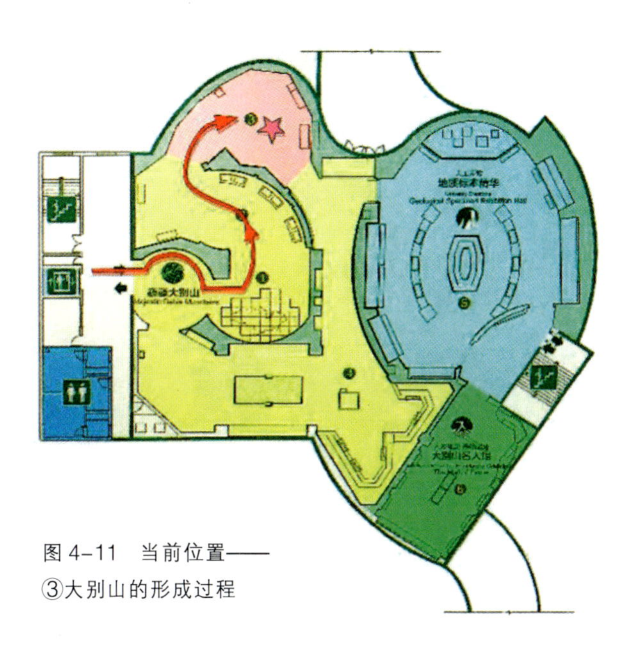

图 4-11　当前位置——③大别山的形成过程

4.4　造山带的产物

4.4.1　高压—超高压变质带及榴辉岩

4.4.1.1　高压—超高压变质带

高压—超高压变质带一般分布在造山带中，与岩浆和板块活动密切相关，是研究板块汇聚边界物质组成、结构及地球动力学的重要窗口之一。

目前，在全球大陆碰撞造山带的板块汇聚边界上已经发现了 20 余条超高压变质带（Chopin，2003）（图 4-12），中国境内含榴辉岩的高压—超高压变质带已经发现有 11 条，其判定的依据为：是否出现榴辉岩相岩石（杨经绥等，2009）。

秦岭－大别造山带是世界上

最大的高压—超高压变质带，也是目前世界上发现最早、出露最好、延伸最长、研究最详细的高压—超高压变质带，东西绵亘达800km以上，它记载着大洋板块俯冲到地幔深处以后，又折返到地表的地质作用过程。

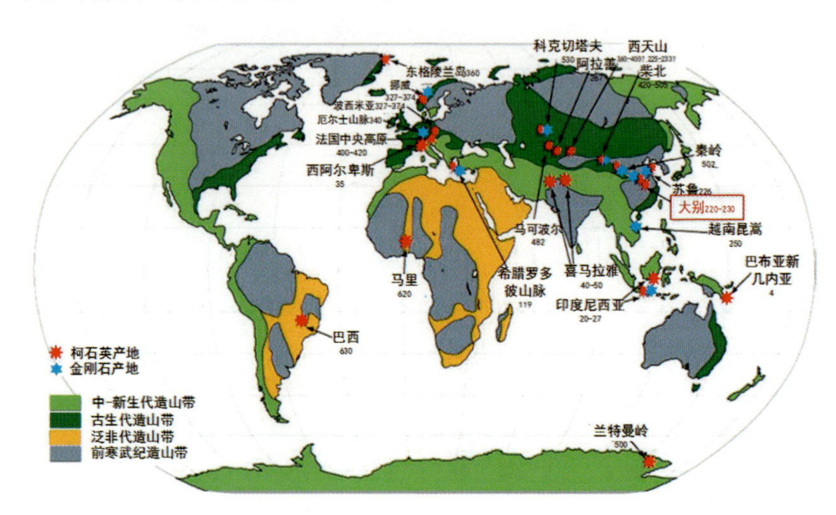

图4-12　全球超高压变质带分布图(据Liou et al.,2007,有修改)

◆什么是高压—超高压变质作用?

高压变质作用是在变质温度为250～450℃、压力为0.5～1.2GPa的条件下发生的一种区域变质作用，因为出现蓝闪石片岩，又称为蓝片岩相变质作用，常伴有基性和超基性侵入岩。

超高压变质作用是变质压力达2.5GPa以上的超深变质作用，以出现柯石英、金刚石等超高压变质矿物为标志。由超高压变质作用形成的超高压变质岩组成的变质带，简称为超高压变质带(图4-13)。

高压—超高压变质岩的形成与折返，是地球动力学的过程，这个过程发生在地下深处，过程漫长，是我们无法用肉眼直接观察到的。但是，通过变质岩石学研究，可以追踪其在地下的运动轨迹；通过沉积岩石学研究，可以判断其折返至地表的时间；通过构造地质学和

图 4-13　超高压变质作用示意模型

地球物理学观测研究，可以剖析造山带的结构构造，从而探讨超高压变质岩俯冲折返的地球动力学机制（王清晨，2013）。

4.4.1.2　榴辉岩

榴辉岩是以绿辉石和石榴石为主、含少量其他矿物的一种变质岩，地表出露较少，一般产于大的造山带。它是由原大洋地壳的基性岩，在板块运动中俯冲到距地表80km以下的地方，经过高压—超高压变质作用而形成，当压力进一步升高时还会出现柯石英和金刚石。随后，榴辉岩又从深部折返到地壳的浅部，再经过风化剥蚀作用，最终出露于地表，从而被科研学者们观察到。

榴辉岩可以划分为蓝闪石榴辉岩、蓝晶石榴辉岩、斜方辉石榴辉岩、柯石英榴辉岩、普通榴辉岩等5类。蓝闪石榴辉岩属于高压榴辉岩，蓝晶石榴辉岩和柯石英榴辉岩属于超高压榴辉岩。

这块产出于红安县康家湾的蓝闪榴辉岩（图4-14）属于高压榴辉岩，因下地壳俯冲变质而成，形成深度较小。同属高压榴辉岩的还有罗田县三里畈、朱家河和英山县金家铺等地的榴辉岩（图4-15、图4-16）。

超高压榴辉岩常含有特定的超高压变质矿物，如蓝晶石、柯石英及金刚石等，在地质公园内出露于英山县三门河陶家山一带（图4-17）。

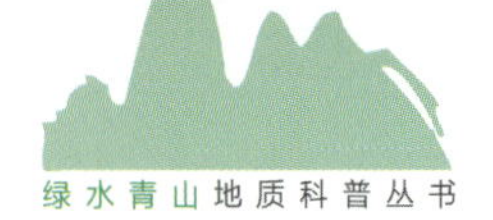

图 4-14　红安康家湾高压蓝闪榴辉岩(左)及其显微照片(右)

图 4-15　高压蓝闪榴辉岩显微照片

图 4-16　高压蓝闪榴辉岩中石榴子石显微照片

图 4-17　英山陶家山超高压榴辉岩(左)及其显微照片(右)

黄冈大别山地区发育的与板块俯冲－碰撞有关的典型高压—超高压榴辉岩，是目前世界上出露最完整的高压—超高压变质带岩石，这个来自地壳深部的“不速之客”，为科学家研究大别山造山过程中板块俯冲、汇聚及动力学过程，提供了重要的科学依据。

◆显微镜下的大别山岩石

地质研究工作中的一个重要环节就是岩矿石薄片的鉴定。

我们从野外采集各类岩矿石标本后，首先需要制作岩矿石薄片。利用切割机在岩矿石上切割出一块长宽各 1cm 左右、磨出厚 0.02mm 左右的薄片，放在涂满硅胶的载玻片上，并用盖玻片盖住，静置冷却。薄片做好后，就可以放在显微镜下鉴定了。

薄片鉴定的内容主要包括观察岩矿石的颜色、结构、构造、矿物组成及含量等，研究岩石、矿物的变质、蚀变现象，确定岩石、矿物的名称，对比地层和岩石等。

现在我们可以从显微照片中清晰地看到大别山岩石中的各种物质成分，它们的组合形成了各种独特的图案，就好像一幅幅随性的艺术图画，是不是很奇妙呢(图 4−18、图 4−19)。

图 4−18 “大别山岩石镜下照片”展示墙

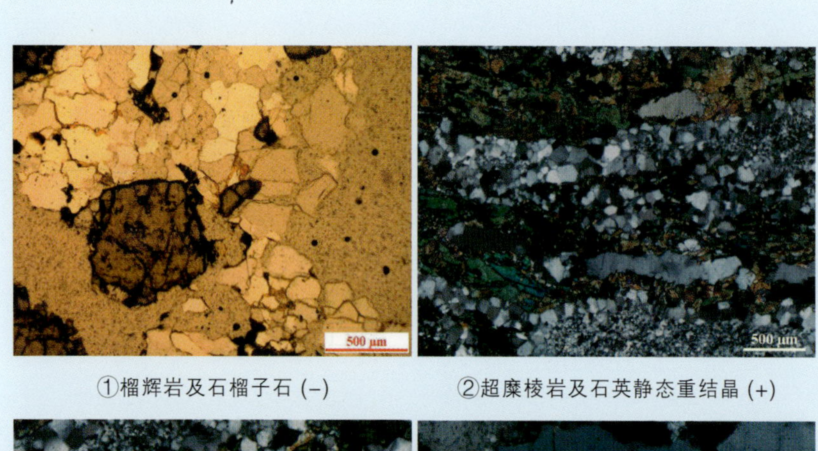

①榴辉岩及石榴子石 (-)　　②超糜棱岩及石英静态重结晶 (+)

③石英静态重结晶颗粒 (+)

④黑云斜长片麻岩中蠕虫结构 (+)

⑤黑云斜长片麻岩中沙钟构造 (+)

⑥黑云斜长片麻岩中亚颗粒 (+)

图 4-19　显微镜下的岩石结构

4.4.2 剪切带的形成

4.4.2.1 什么是剪切带?

韧性剪切带是指地壳深部(大于10～15km)普遍存在的具有强烈塑性流变及旋转应变特征的面状高应变带,其中没有明显的破裂面,但两侧岩石可发生明显的剪切位移(图4-20),韧性剪切带内部及与围岩之间的应变均呈递进演化的关系。大型剪切带宽达数千米,延展可达上千千米。它在造山带、裂谷带的形成中起着重要作用。

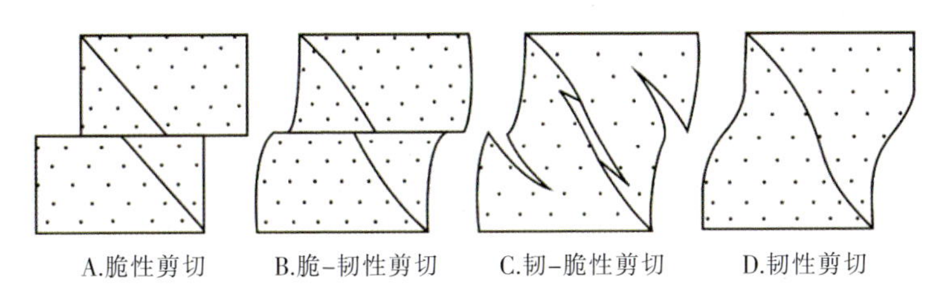

图4-20 剪切带的类型(据Ramsay,1980,有修改)

4.4.2.2 大别山两组剪切带的形成过程

在地壳演化过程中,经印支运动,华北板块与扬子板块拼接在一起,桐柏山—大别山地区成为横亘中国东部中央的北西西向山脉。燕山早期以滨特提斯构造域占主导地位,在近南北向挤压应力场作用下,在中上地壳的中深层次先形成平行造山带边界的北西(西)向高角度走滑型韧性剪切系统,如本区的河铺、君师岭、牛占鼻、瞿家畈、卢家河、牛车河、淋山河-浠水等韧性剪切带,在浅层次形成同向脆性断裂并叠加其上。燕山晚期由于受到罗田穹隆及麻城-团风、郯-庐断裂带走滑作用的影响而发生牵引,多向东南弯曲而呈向南凸出的弧形。其中蕲-广断裂带还发展成活动断裂带,在新生代晚期控制地震、地热和湖泊、湿地的分布。

1)麻城–团风北北东向韧性剪切带

麻城-团风剪切带是桐柏-大别造山带内的一条重要强变形带。经初步估算,其总位移量为

53km，水平分量 50km，垂直位移分量 18km，具有长期的形成和发育历史。带内岩石经强烈韧性剪切均变为糜棱岩，主要为花岗岩、长英质糜棱岩及变晶糜棱岩，同时发育各种剪切指向标志，如褶皱、S–C（L）组构、压力影及拉伸线理（图 4–21～图 4–24）。

图 4–21　麻城–团风韧性剪切带

图 4–22　麻城–团风韧性剪切带中的糜棱岩

图 4–23　糜棱岩变形石英条带(+)

图 4–24　糜棱岩变形条带及云母鱼(+)

2）麻城芦家河北西向韧性剪切带

芦家河韧性剪切带，以初糜岩和强直片麻岩为主，围岩主要为花岗质片麻岩夹较多斜长石角闪岩残留体，混合岩化强烈，多形成条带状、角砾状混合岩。剪切带内发育大量无根褶皱、剪切塑流褶皱和各类 S–C 组构（图 4–25～图 4–29）。

图 4-25　麻城芦家河韧性剪切带

图 4-26　麻城芦家河韧性剪切带变形构造

图 4-27　麻城芦家河韧性剪切带拉伸线理

图 4-28　麻城芦家河韧性剪切带旋转眼球构造

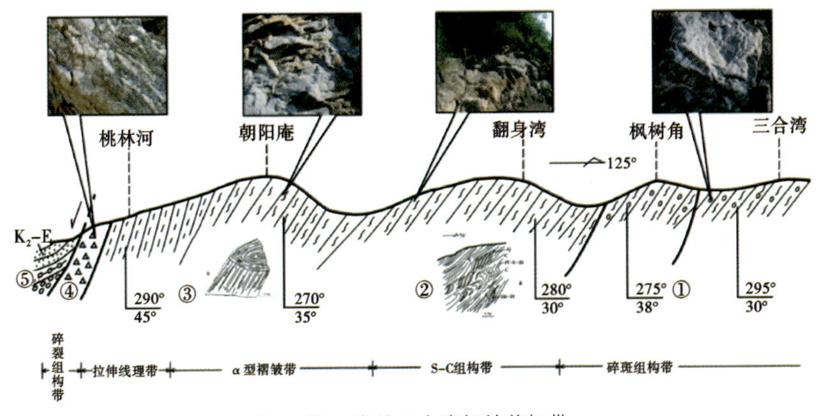

图 4-29　麻城三合湾韧性剪切带

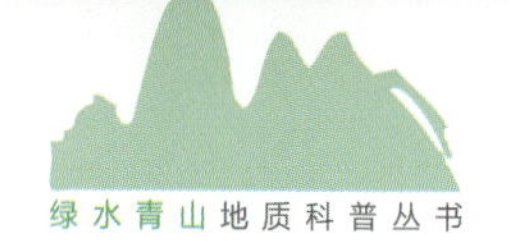

4.5 魅力大别山

博物馆这一部分主要展示大别山地质公园几个重要的景区，包括麻城的九龙山、龟峰山；红安的天台山；罗田的薄刀峰、天堂寨；英山的吴家山、龙潭河谷等（图4-30、图4-31）。

图 4-30 大别山魅力景观展厅

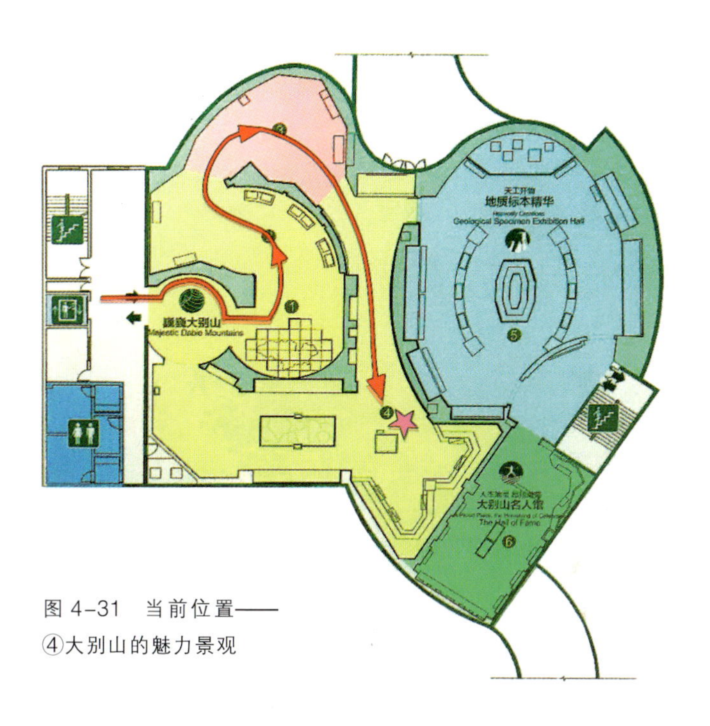

图 4-31　当前位置——
④大别山的魅力景观

4.5.1　九龙山

九龙山地处黄冈大别山世界地质公园的西北角，位于麻城市东北约 10km 处，为典型的丹霞地貌景观，同时也是黄冈大别山世界地质公园中唯一的沉积岩地貌景观（图 4-32）。这里沉积有距今 1 亿年左右的白垩系典型红层剖面。主要岩性为紫红色砂砾岩，以花岗岩砾石和粗砂岩、泥质胶结为主，岩层以单斜地层产状产出。

晚白垩世—古近纪时期，在区域构造作用下，受南北向拉张作用，北东向区域断裂（团风－麻城断裂）发生断陷，分裂东西部，产生断陷盆地。随着时间的推移，在断陷盆地不断充填着从山地剥蚀下来的沉积物——红色砂砾岩，其上或积水形成湖泊，或因河流的堆积作用而被河流的冲积物所填充，因此形成了被群山环绕的冲积、湖积、洪积平原。后经喜马拉雅运动隆升并遭受常年风化、剥蚀和流水

图 4-32　九龙山鸟瞰(摄影:兰俊良、孙登波)

侵蚀作用,最终形成了呈放射状分布的 9 条山岗,故名九龙山,其中最长的一条有 2km,短的也有 500m。

9 条山岗由中心向四周弯曲蜿蜒,好似 9 条巨龙盘旋环绕,民间俗称"九龙缠顶"。九龙山脊上建有柏子古塔,已有 1300 年的历史,塔旁有"唐王洞""龙井""寺院"等。明代思想家李贽讲学著述的龙潭寺、钓鱼台遗址,被列为省级重点文物保护单位。九龙山主要景点有:白垩系红层剖面及丹霞地貌景观、九龙湖、点将台、救驾桥、烽火台、千佛洞、唐王洞、柏子古塔、九龙寺等。

4.5.1.1　九龙山丹霞地貌

九龙山是由距今 1 亿多年的白垩纪紫红色砂砾岩在喜马拉雅运动隆起后,经常年风化剥蚀、流水侵蚀作用而形成的丹霞地貌景观(图 4-33)。从空中俯瞰,9 条山岗由中心向四周弯曲蜿蜒,好似 9

条巨龙盘旋环绕，故名九龙山，民间俗称“九龙缠顶”。

4.5.1.2　白垩系红层剖面

白垩系红层剖面由距今1亿年的白垩纪紫红色砂砾岩组成(图4-34)。它是在干热的气候条件下，由断陷盆地洪积而成的紫红色砂砾岩系，砾石以花岗岩砾石为主。该剖面为大别山地区白垩系红层的标准剖面之一，岩层中厚层状，单斜地层(图4-35)。

图4-33　丹霞地貌

图4-34　九龙山紫红色砂砾岩标本

图4-35　白垩系红层剖面

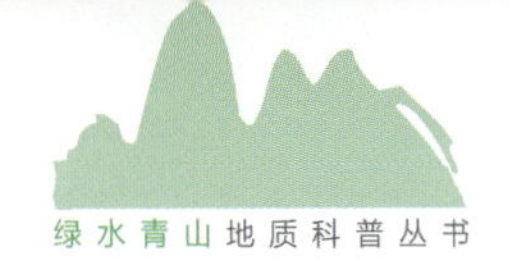

4.5.2 龟峰山

龟峰山位于黄冈大别山世界地质公园的西部，地处麻城市境内，距麻城市区约25km。由神奇的龟头、雄伟的龟背和形象逼真的龟尾等9座山峰组成，龟头至龟尾延绵25km，其间是50多平方千米的大片原始森林，主峰海拔高1320m。

造峰岩体为距今约1.6亿年的中侏罗世胜利片麻状花岗岩套（图4–36），岩性为细—粗粒黑云二长花岗岩、花岗闪长岩等。该岩体经多期构造运动、常年风化（球状风化为主）剥蚀、流水侵蚀和重力崩塌作用所致。因主峰形如昂首翘尾的巨龟而名闻天下（图4–37）。

图4–36 龟峰山

龟峰山地质遗迹点丰富，龟峰山下部有大别山最老的、距今约28亿年的造山带根带古陆核物质——新太古代木子店组的基性—超基性岩等绿岩带岩石、大别山造山带重要证据之一——三合湾北东向韧性剪切带糜棱岩等。上部有中侏罗世胜利片麻状花岗岩套——与洋壳俯冲相关的同构造深熔低位花岗岩及其地貌景观。其

图 4–37　雄龟问天(摄影:杨金洲)

中,龟峰山花岗岩地貌独特,山顶怪石险峻,雄伟绮丽。主要地质遗迹点有:龟峰旭日、望儿石、仙人脚、天梭石、试剑石、明王洞、花岗岩石瀑、绝壁、花岗岩韧性剪切带等,具有重要的科学研究价值。而每年的春季,龟峰山满山遍野盛开的杜鹃花,盛放似火,分外妖娆。“人间四月天,麻城看杜鹃”已成为中国杜鹃花观赏地的最佳品牌之一。

◆龟峰旭日

龟峰旭日,花岗岩象形石。位于龟峰山主峰,海拔 1135m。造峰岩体为中侏罗世(距今 1.6 亿年)胜利片麻状花岗岩套——细—粗粒黑云二长花岗岩。山峰是在燕山运动所形成的断块山的基础上,经喜马拉雅运动隆起,并发育节理裂隙,在长期球状风化、雨水冲蚀及重力崩塌作用下形成的。神似龟头的龟峰在连绵起伏的群山中拔地而起,垂直高度达 300 余米,如昂首吞日的神龟,故名龟峰旭日,有“天下第一石龟”之称。

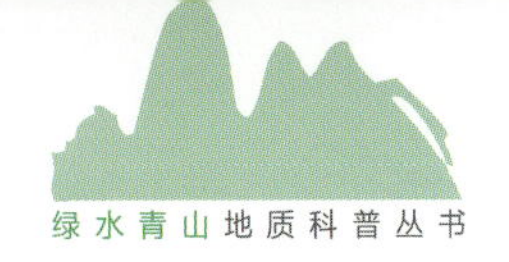

4.5.3 天台山

天台山位于黄冈大别山地质公园的西部，地处鄂、豫交界的红安县境内，南距县城约33km，主峰海拔817m。因主峰“峰顶如台，势若接天”而得名(图4-38)。

天台山有两大类地质遗迹景观，一是天台山花岗岩地貌景观，分布于天台山—鲫鱼岭—九焰山一带；另一类是峡谷地貌景观。其造峰岩体属新元古代（距今8.5亿年）周河单元二长花岗质片麻岩，是大别山地质公园峰峦中最古老的岩石，周围被中元古代(距今10亿年）西张店基性火山岩组所包围。

天台山由天台山、鲫鱼岭、九焰山、绕拨顶、黄茅尖、平头岭、五峰尖、鹅公岭等大山组成；由主峰、九焰山古兵寨、艾河风情谷、对天河大峡谷、香山湖、天台小镇等主要景点组成。

天台山素以“佛宗道源，山水灵秀”而著称，是中国佛教八大宗之一“天台宗”的起源地。

图4-38 天台山(摄影:张发喜)

4.5.3.1 天台主峰

天台主峰位于天台山核心部位，海拔817m(图4-39)。天台山顶平台为典型的桌状山地貌，造峰岩石为新元古代(8.5亿年前)二长花岗质片麻岩。因“山形类台，巧若天造”而得名。天台山花岗片麻岩中节理极为发育，尤其是近水平节理发育，其平台的形成与水平节理发育有关。平台四周的陡崖，是沿垂直节理风化、剥蚀，岩石坍塌而形成的。峰顶有伯台、仲台、叔台、小台四台；告天炉、抚松岩、了心关、宾阳壁、留月岩、坐忘台、卧龙洞、作霖池、抱奇窟、披云峰十景。

图4-39　天台主峰

4.5.3.2 告天炉

告天炉，花岗质片麻岩象形石。位于天台山，如天外飞来，似鬼斧神工。因形状酷似一鼎炉而得名。造景岩石为新元古代(8.5亿年前)二长花岗岩质片麻岩。该地体在构造运动抬升过程中，产生3组节理裂隙，暴露出地表后，经风化剥蚀及重力崩塌作用，形成这一奇特景观(图4-40)。

图 4-40　告天炉(摄影:张发喜)

4.5.4　薄刀峰

薄刀峰位于罗田县东北部的大别山造山带核部大别山主峰南麓山脉的一条山脊之上,其两侧为悬崖峭壁,山脊形如刀刃,故名“薄刀峰”。该山脊平均海拔 1000m 以上,主峰大孤坪海拔 1 404.2m。

薄刀峰主要以花岗岩地貌为主，造景岩石为 6500 万年前晚白垩世的含斑中细粒黑云二长花岗岩,是一条长约十余公里的高山峻岭,呈北东向蜿蜒于鄂皖边境。在大别造山带核部的隆起过程中,经岩浆侵入、构造抬升、断块活动、风化剥蚀等一系列地质演化,使这里形成了高陡险峻的“薄刀”状山脊花岗岩地貌,侧视似薄刀,横看如卧龙,拔地千仞,峭壁悬崖,雄伟险峻。薄刀峰以峰险、石怪、松奇而成为大别山地区独具特色的花岗岩山地,现已成为罗田县乃至鄂东著名的避暑胜地。

薄刀峰地质遗迹点丰富,具有极高的观赏价值,如卧龙岗、笑天蛙、雄鹰觅食、天池、天子弯腰、锡锅顶、罗汉现肚等花岗岩象形石景观和神侣沟花岗岩峡谷景观。同时,薄刀峰贫瘠的裸岩地貌也是奇松的生长之地,由于长期受风力的影响,使之形成独特的形态。峭壁间,陡崖上,黄山松饱经风霜,傲首从容,或如孔雀开屏,或如神鹿回头,舒展洒脱,迎风摇曳,可谓奇观(图 4-41)。

图 4-41 薄刀峰奇石

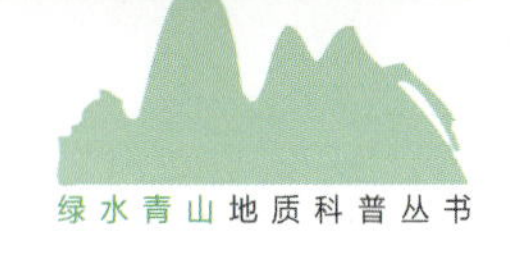

4.5.4.1 卧龙岗

卧龙岗又名牛脊岭，全长约3000m，主峰海拔1383m。造岗岩体为晚白垩世(距今6500万年前)含斑中细粒黑云二长花岗岩，经喜马拉雅运动(始于距今6500万年)隆起成山。暴露出地表后，在北东向、北西向两组陡倾节理和一组缓倾斜节理裂隙制约下，在长期的风化作用改造、流水侵蚀、重力崩塌等作用下形成了现今的地貌景观，宛如一条飞龙蜿蜒盘卧在山中，惟妙惟肖(图4-42)。

图4-42 卧龙岗(摄影:江耀龙)

4.5.4.2 锡锅顶

锡锅顶是薄刀峰重要的象形石地质遗迹点，海拔1225m。造景岩石为晚白垩世（距今6500万年前）含斑中细粒黑云二长花岗岩。岩体经喜马拉雅运动（始于距今6500万年）隆起，发育3组相互穿切的节理。在常年球形风化及重力崩塌作用下，形成一灰白色圆顶形花岗岩巨石，形似倒置的“锡锅”，故名(图4-43、图4-44)。

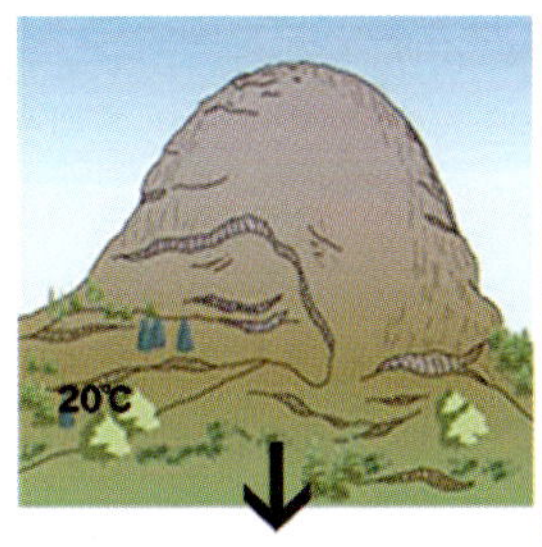

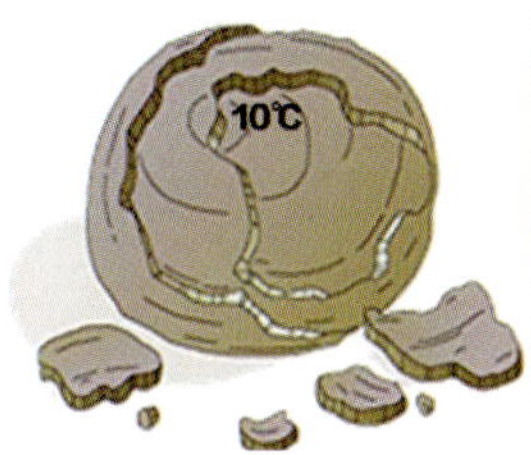

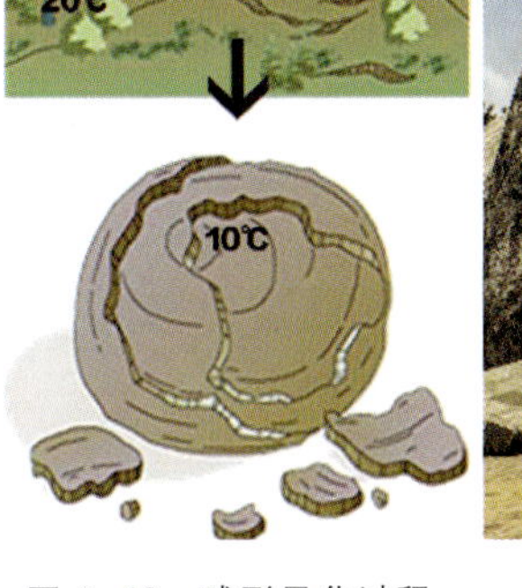

图 4-43 球形风化过程示意图

图 4-44 锡锅顶

4.5.5 吴家山

吴家山位于黄冈大别山世界地质公园的东端，地处英山县境内北部。海拔 1 729.13m 的大别山主峰坐落于此。

吴家山主要由中原第一山——大别山主峰、华中第一谷——龙潭河谷、武当南宗发源地——南武当武圣宫、大别山佛教圣地——石鼓神庙和华中第一漂——龙潭峡漂流五大特色景群构成，以山岳地貌、河谷风光、原始森林为主要特征，汇“峰、林、潭、瀑”于一地，集宗教文化、民俗风情、历史人文、农艺景观于一身，融古朴、奇险、秀丽、神奥于一体，被誉为华中地区“绿色明珠”，并号称“华中第一胜景”，是地质科普、生态旅游、避暑休闲、探险体验、品味自然的胜地。

吴家山龙潭河谷造景岩石十分复杂，在不到 3km 的河谷中，既有距今约 16 亿年的古元古代大别山群条带状黑云斜长片麻岩，又有 1.6 亿年前的中侏罗世胜利岩体花岗岩，还有 1 亿年前的白垩纪基性侵入岩脉。除此之外，龙潭河谷蜿

蜒曲折、峰回路转的花岗岩峡谷，以及乌龙戏水、银河天泻、龙潭飞瀑等水流景观最引人入胜，给人以荡气回肠、穿越时空的酣畅淋漓之感（图 4–45）。

图 4–45 龙潭河谷（摄影：舒胜前）

4.5.5.1 古元古代大别山群片麻岩

古元古代（16 亿年前）大别山群黑云斜长片麻岩，分布于吴家山龙潭河谷，是一种区域变质岩，主要由黑云母、长石和石英等矿物组成（图 4–46）。该岩石组成体现以化学沉积为主、火山－碎屑沉积为次的岩石组合特征，反映了从典型的大陆碎屑沉积向台缘稳定的化学沉积的环境转变特点，是研究区域地质演化、开展区域和全球对比难得的地质遗迹，并为造山带演化研究提供了系统的科考证据。

图 4–46 古元古代大别山群黑云斜长片麻岩（距今 16 亿年）

4.5.5.2 龙潭飞瀑

龙潭飞瀑位于吴家山龙潭河谷，瀑布宽20余米，总落差近百米，两岸陡峭，瀑水从陡崖跌入深潭后再飞奔急流而下，跌落时雷声轰鸣，可见彩虹，极为壮观（图4–47～图4–49）。

图4–47 龙潭飞瀑（摄影：余立）

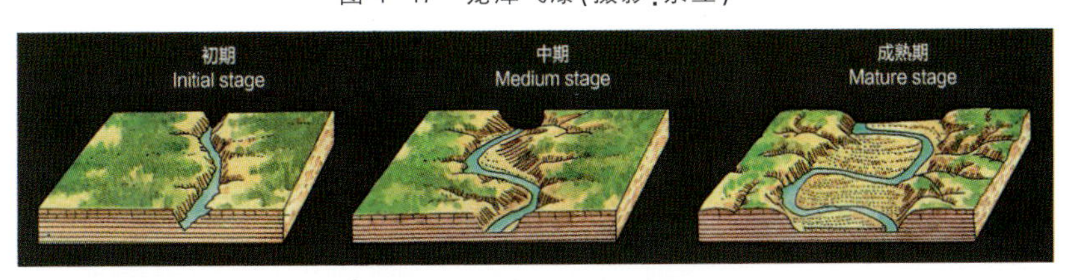

图4–48 河谷的演变示意图

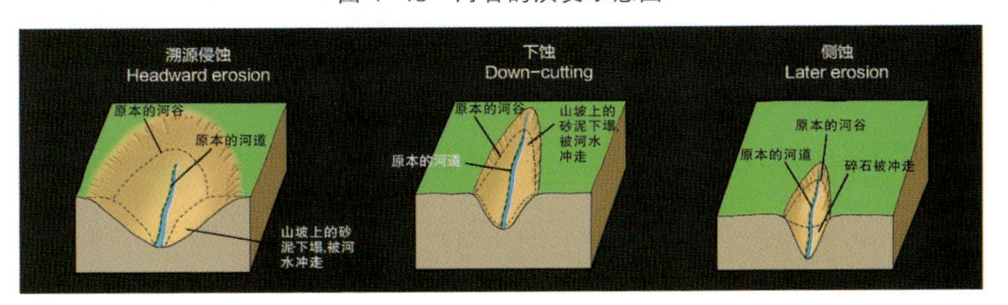

图4–49 河流侵蚀作用的3个方向

4.5.5.3 乌龙戏水

一条黑色基性岩脉穿切于距今约1.6亿年前的中侏罗世胜利片麻状花岗岩中，从河岸边伸入河床中，如同乌龙戏水，故名（图4–50）。

图4–50 乌龙戏水

4.5.6 天堂寨

天堂寨地处大别山主峰南麓，东与英山接壤，西与九资河镇毗连，北与安徽省金寨县交界。天堂寨群峰逶迤绵亘，山势雄伟险峻，为典型的花岗岩山岳地貌景观。主峰天堂顶海拔1 729.13m，号称“中原第一峰”（图4–51）。

造峰岩体主要为晚白垩世（距今6500万年）细粒黑云钾长花岗岩和早白垩世（距今1.247亿年）中粒斑状黑云二长花岗岩。其地貌的形成系因多期造山运动和扬子板块与华北板块碰撞，致使本区强烈隆升，后经常年风化、地表水的侵蚀和重力崩塌等多种作用的叠加而最终形成。

天堂寨具有重要观赏价值的地

图4–51 天堂寨（摄影：华仁）

质遗迹点有：哲人峰、摘星峰、一扬指、石燕岩、仙女峰、啸天狮、小华山、天堂顶、哮天犬、九道箍、弥勒显圣、群仙聚会、石瀑等花岗岩象形山石景观；神仙谷、双龙潭、神仙灶等花岗岩峡谷及流水侵蚀地貌景观；百丈崖瀑布、云崖瀑布、天堂崖瀑布等瀑布景观；圣人堂峡谷漂流段花岗岩风景峡谷流水地貌景观。天堂寨集中展示了雄峰、峭壁、峡谷、瀑布、幽潭于一体的特色鲜明的花岗岩地貌，绚丽多姿，令人叹为观止(图 4-52)。

图 4-52　博物馆魅力景区展示橱窗

4.5.6.1　哲人峰

哲人峰，巨型花岗岩象形石，海拔 1577m。造峰岩体为早白垩世(距今 1.247 亿年)中粒斑状黑云二长花岗岩。该岩体在岩浆侵入、造山隆起的过程中，产生大量密集的陡倾节理，暴露出地表后，在球状风化、雨水冲蚀、重力崩塌的作用下，形成了一座顶圆壁峭(峭壁高约 400m)的象形石峰。外形酷似一位栩栩如生的智慧老者，凝神沉思，故名“哲人峰”(图 4-53)。其雄奇峻峭，惟妙惟肖，世所罕见。

图 4–53　哲人峰(摄影:陈永斌)

4.5.6.2　天堂顶

天堂顶,花岗岩山峰,是大别山主峰所在地,海拔高 1 729.13m,素有"中原第一峰"之美称。造峰岩体为早白垩世(距今 1.247 亿年)中粒含斑黑二长花岗岩,经构造运动抬升隆起成山,暴露出地表后,在风化、雨水冲蚀、重力崩塌的作用下形成现今花岗岩地貌。登上绝顶,巍巍群山尽收眼底,气势磅礴,是一处登高和观日出的理想之地(图 4–54)。

图 4–54　天堂春雾(摄影:刘飞)

4.6 国际交流与友好往来——世界地质公园角

近年来，黄冈大别山地质公园为与世界地质公园接轨，实现其地质科普的目标，在世界地质公园网络的框架下，先后前往非洲、欧洲、南美等地世界地质公园进行考察交流，并邀请其他地质公园的管理专家前来讲座，分享和学习地质公园地质科学普及、地质遗迹保护、地质公园管理等方面的经验，推动了黄冈大别山地区地质、自然、文化遗产与外界的交流。与此同时，也积极与国内外著名地质公园缔结姊妹公园关系，为分享可持续发展的理念搭建了很好的平台。

博物馆在此基础上设置了“世界地质公园角”，用来宣传和展示其在国际交流、友好往来、互助合作等方面所做的工作及成果（图4-55、图4-56）。

图 4-55 世界地质公园交流资料展览柜

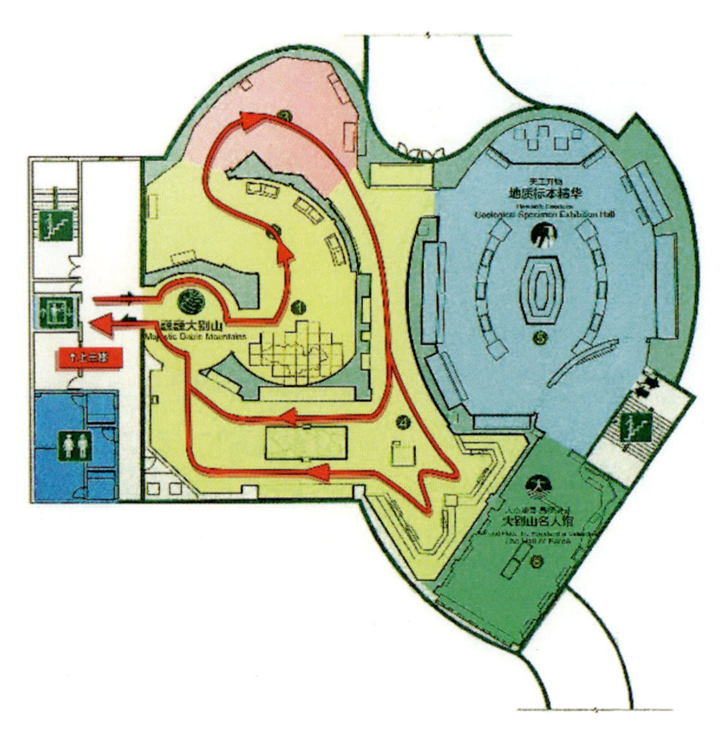

图 4–56　当前位置——二楼安全通道

5 物华天宝 生态家园

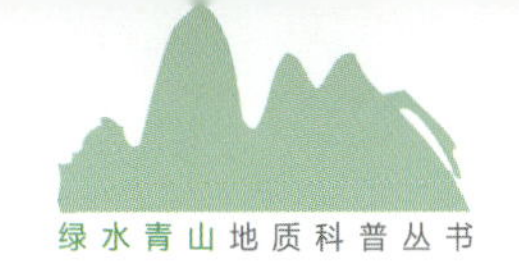

现在让我们走上博物馆三楼，走进大别山生态园，感受一下绿意盎然的大别山生态景观吧。博物馆利用三楼展厅的层高空间，在生态园展厅布置了几棵景观大树和各类栩栩如生的动植物标本，包括大别山五针松、银杏、南方红豆杉、巴山榧等珍稀植物，以及栩栩如生的飞禽走兽标本等。同时利用投影模拟了英山龙潭河谷飞瀑流泉的场景，还原了大别山的真实自然生态环境，给人以身临其境之感，让游客在大别山生态园厅感受大别山“物种基因库”和“动植物标本库”的魅力。该展厅通过对大别山中的典型植物、声效进行模拟，并在中间置入图文展板、动植物标本与多媒体展示设备等，将整个展厅营造为一个大型沉浸式展厅（图 5–1、图 5–2）。

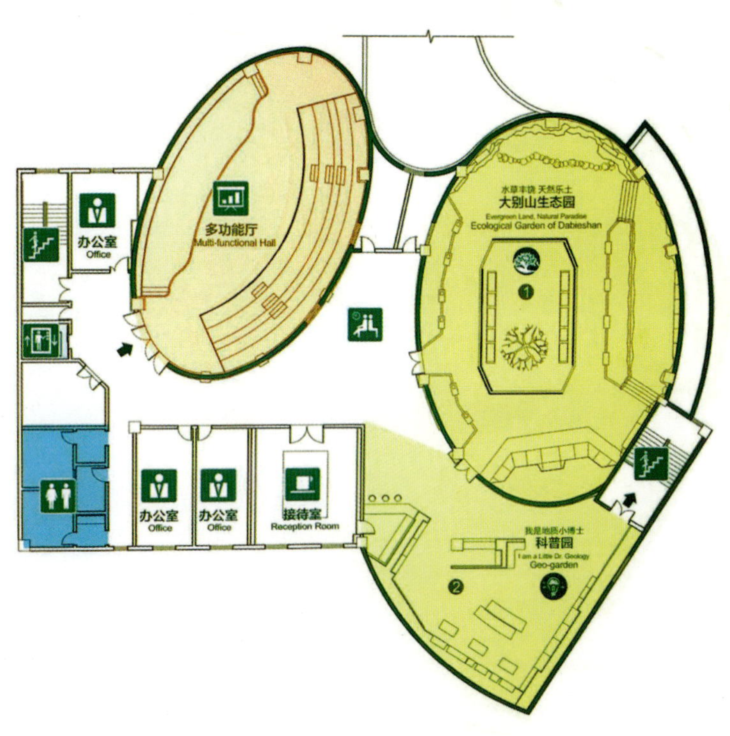

图 5–1　博物馆三楼平面图

①水草丰饶，天然乐土——大别山生态园；②我是地质小博士——科普园

图 5-2　博物馆生态园入口

横亘在中国的秦岭 - 大别山系，是中国大陆的脊梁，是中国南北地质、地理、生态、气候的天然分界线。黄冈大别山世界地质公园地处这一分界线的南坡，属于中国东部地区地理单元，也是重要的自然区系和生物物种的交汇点（图 5-3）。

图 5-3　大别山雄峰（摄影：徐原超）

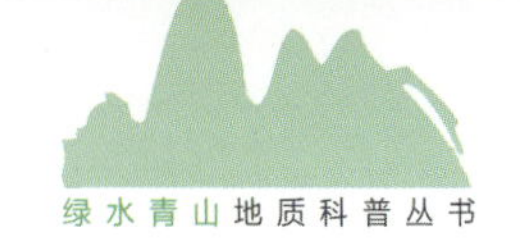

黄冈大别山世界地质公园属于长江中下游亚热带温暖季风带，气候湿润，雨量充沛，四季分明。这样湿润的气候使公园蕴藏着极其丰富的森林资源，森林覆盖率达到90%以上，环境优美，空气清新。得天独厚的自然生态条件使这里成为众多动植物的栖息地，并拥有许多大别山特有的动植物资源。地质公园生物的多样性使其成为湖北省内外少有的人与自然和谐相处的生物乐园(图 5-4)。

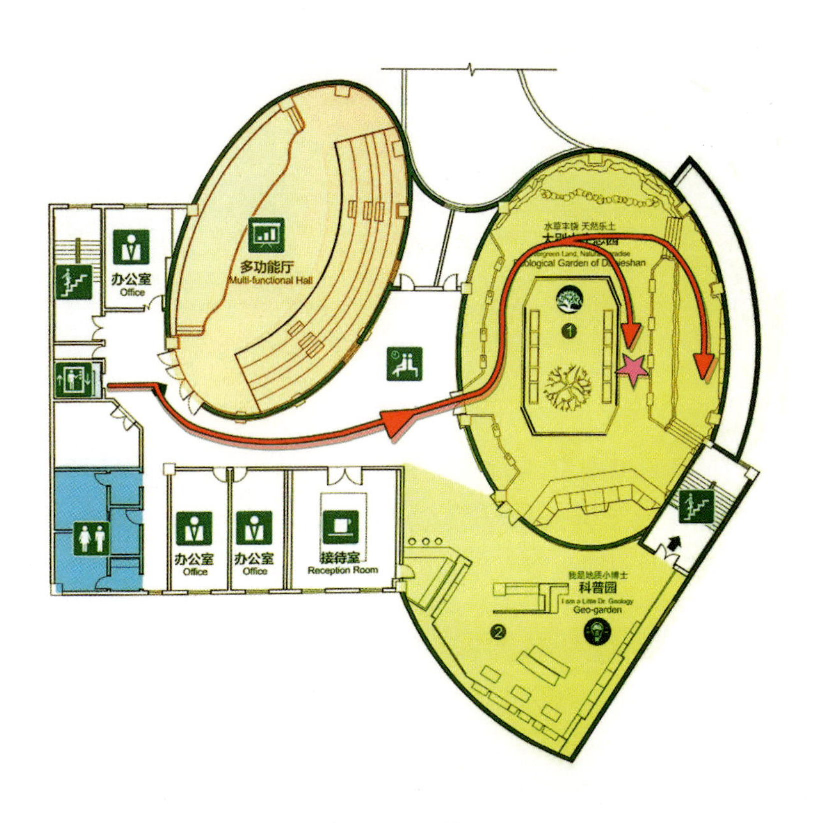

图 5-4　当前位置——①大别山生态园

想象一下此刻的您正漫步林间，远离了城市的喧嚣，回归自然，花鸟为伴，独享一方静谧，这绝对是您纵情山水、休闲度假的好去处呀！

森林有一种对人体健康非常有益的物质——负离子，具有杀菌、降尘、给人体补氧补电等多种功效，空气中负离子含量越高，空气就越清洁舒适。高含量的负离子及森林中所散发的植物精气具有强大的医疗和保健功能，具有洗肺、改善心肌功能、镇静自律神经、杀菌、激活人体内多种酶等作用。

5.1 凝固的鲜活之绿——植物标本

黄冈大别山世界地质公园特殊的地理位置和气候环境，使其蕴藏了大量的特有植物，造就了独特的生态景观，并具有自己独特的植物区系成分。公园内有野生植物1112种，15个中国特有属在这里得以生长发育，如青钱柳属（*Cyclocarya*）、蜡梅属（*Chimonanthus*）、牛鼻栓属（*Fortunearia*）等；另外，大别山还有自己特有的16种植物，如都枝杜鹃（*Rhododendron shanii*）、大别山五针松（*Pinus dabeshanensis*）、大别山石楠（*Photinia dabeshanensis*）等。

博物馆生态园展厅通过半景画与仿真模型模拟了大别山森林植被类型等森林场景，代表树种有杉木、马尾松、黄山松、巴山榧、银杏、南方红豆杉、金钱松、大别山五针松、凹叶厚朴、鹅掌楸、楠木等（图5-5）。

5.1.1 大别山五针松（*Pinus dabeshanensis*）

大别山五针松又名青松、果松，为松科松属植物，国家二级重

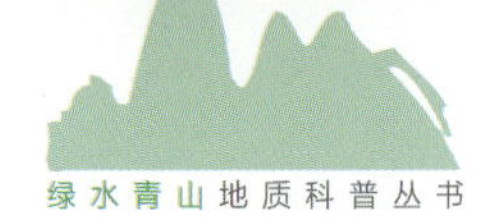

图 5-5 博物馆植物标本

点保护野生植物，濒危种。树木枝条开展，树冠尖塔形，是大别山特有珍稀树种，目前仅残存于大别山的湖北英山，安徽岳西、金寨等县狭小的区域。

20 世纪 70 年代，在湖北英山县桃花冲庙儿岗曾发现 2 株野生成年植株，这是湖北省唯一的大别山五针松分布点。2018 年 4 月 10 日，地质公园工作人员在巡逻途中，突然撞见几株奇特的树木，引来了大家的好奇，纷纷凑上前想一探究竟。原来，这竟是 3 株稀有的大别山五针松(图 5-6)！这次的发现，也是湖北省近 40 年来再次发现该树种，为国家科研部门提供了珍贵的研究材料。

图 5-6 大别山五针松

5.1.2 巴山榧树(*Torreya fargesii*)

巴山榧树又叫铁头枞、紫柏，为红豆杉科榧属植物，是中国特有树种，国家二级重点保护野生植物，一年生枝条呈绿色，二、三年生枝条呈黄绿色或黄色，叶条形(图5–7)。

5.1.3 南方红豆杉(*Taxus wallichiana* var. *mairei*)

南方红豆杉又称红豆杉、红榧、紫杉，为红豆杉科红豆杉属植物，国家一级重点保护野生植物，中国特有，星散分布于长江流域以南。叶排列成两列，条形，状似镰刀，种子生于红色假种皮中，成熟时果实满枝，颇为美观，惹人喜爱(图5–8)。

图5–7 巴山榧树

图5–8 南方红豆杉

小知识

假种皮(aril)是某些种子表面覆盖的一层特殊结构。常由珠柄、珠托或胎座发育而成，通常具有漂亮的色彩，薄薄的，甚至是透明的，其中含有水分、糖类及各种维生素等，能吸引动物取食，以便传播。常见的有红豆杉类、肉豆蔻、竹芋科等，荔枝和龙眼可食用的果实部分也是假种皮。

5.1.4 霍山石斛(*Dendrobium huoshanense*)

霍山石斛又称米斛、龙头凤尾草、皇帝草,为兰科石斛属植物,石斛中的极品,是中国濒临灭绝的珍稀药材,国家一级保护植物。茎直立,肉质。以茎入药,具有益精强阴、生津止渴、补虚羸、健脚膝、除胃中虚火之功效(图5-9)。主要分布在安徽霍山、湖北罗田、湖北英山三县交界的大别山区。

霍山石斛富含多糖、氨基酸和石斛碱、石斛胺碱等十多种生物碱。经中国医学科学院药用植物研究所鉴定:多糖含量为18.974%,总生物碱含量为0.030%。能有效提高机体免疫功能,对人体眼、咽、肺、胃、肠、肾等器官和血液、心血管等疾病有特殊疗效。能抗白内障,延缓衰老,抗突变,抗肿瘤①。关于霍山石斛,有许多在食品保健和医药应用方面的研究,例如有研究指出,霍山石斛多糖对人胃癌SGC-7901细胞具有显著的抑制作用,并呈一定的剂量和时间依赖性。

博物馆生态园展示了大别山的植物资源、动物资源以及药用植物资源等相关内容。通过半景画、场景复原与仿真模型等方式,采用雾幕影像技术模拟出瀑布形态,与仿真石、仿真动植物、油画一同还原出了逼真的大别山自然生态景观(图5-10)。

图5-9 霍山石斛

图5-10 林语瀑布

① 引自https://baike.baidu.com/item/%E9%9C%8D%E5%B1%B1%E7%9F%B3%E6%96%9B/6626209?fr=aladdin#11_1。

5.2 定格的勃勃生机——动物标本

黄冈大别山世界地质公园层峦叠翠、鸟语花香，是物种的天堂，公园拥有陆生脊椎动物 208 种，其中鸟类 122 种，爬行动物 32 种，两栖动物 13 种等。国家一、二级保护动物 26 种，其中一级有原麝、豹、金雕、白鹳、大鸨、白肩雕、白尾海雕等；二级有穿山甲、白冠长尾雉、豺、小灵猫、白额雁、鸢、赤腹鹰、秃鹫、细痣棘螈、水獭、虎纹蛙等。此外，区内昆虫资源十分丰富，基本上涵盖了湖北大部分昆虫种类，其中有国家重点保护的拉步甲、中华虎凤蝶等。

生态园厅通过在植物场景中置入动物模型，展示了大别山具有代表性的珍稀动物资源。走进展厅，仿佛走进了野生动物园中——站在山丘上观察猎物的金钱豹，栖息在树杈上的野鸡，觅食于山涧溪流中的白肩雕……栩栩如生，让人忍不住想去逗弄它们一番，看看这到底是模型还是活物呢？那么，就让我们一起来看看生态园厅展示了哪些珍稀动物吧（图 5–11）。

图 5–11　博物馆林语

5.2.1 森林猛兽——金钱豹(*Panthera pardus*)

金钱豹又称豹、花豹、银豹子，为猫科豹属动物，国家一类重点保护哺乳动物，全世界估计数量20万只。金钱豹身长1.5～2.4m，体重50～100kg，野生最大记录130kg，奔跑时速可达70km。

金钱豹是一种大型食肉兽，身体强健，行动敏捷，性情凶猛狡猾，爬树本领非常高(图5-12)[①]，是典型的森林动物，主要生活在有森林的山地和丘陵地带(刘继平，1999)。

图5-12 博物馆金钱豹标本

5.2.2 新物种——安徽麝(*Moschus anhuiensis*)

安徽麝为麝科麝属动物，是新发现物种，与原麝相比，体形较大，毛色较浅，腿较长，是国家一级保护动物，由于人们对麝香的需求，使安徽麝曾一度濒临灭绝，至今仍处于濒危状态，在大别山森林里已经很难寻见(图5-13)。

1982年，在安徽大别山的金寨、霍山、六安等地获得了11只麝

① 引自https://baike.sogou.com/v263737.htm?ch=wenwen.relative。

标本,经比较认为:安徽大别山区的原麝与分布在黄河以北的原麝指名亚种有所不同,经研究认为这是一新亚种,定名为原麝安徽亚种。后来,不少学者也对麝属分类进行了研究,最终确定为:安徽大别山的麝既不归于原麝,也不归于林麝作为亚种,而是一个独立的种,并且林麝也是一个独立的种。这就是安徽麝的由来。

图 5-13　博物馆安徽麝标本

5.2.3　濒危物种——穿山甲(*Manis pentadactyla*)

穿山甲又称中华穿山甲,为穿山甲科穿山甲属,哺乳动物,在中国属于国家二级保护动物。穿山甲头体长 42～92cm,尾长 28～35cm,体重 2～7kg,吻细长,全身有鳞甲,背面略隆起(图 5-14)。

图 5-14　博物馆穿山甲标本

在过去 10 年间,全球超过 100 万只穿山甲遭到野外捕获及非法贸易,它们被视为最受偷猎者侵害

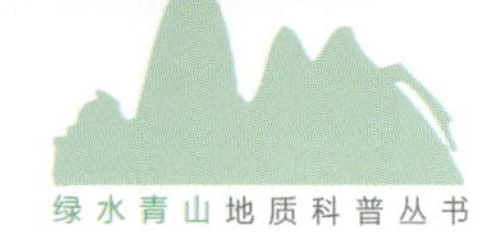

的哺乳动物。

2015年，中国南部边境省份野生动物救护中心的救护员李川和同事接手了一批森林公安查获的走私穿山甲。傍晚，一只获救的母穿山甲早产了。正值早春三月，“新生儿”就被命名为“春芽”。可能是因为虚弱和恐惧，母亲将“春芽”挡在了盔甲之外，拒绝哺乳。“春芽”出生第3天，就因大量便血濒临死亡。几个救护人员焦急万分，想要给它输血，却无血可输。最终，“春芽”离开了这个世界。穿山甲的铠甲在人类欲望面前不堪一击，它们是鳞甲目哺乳动物唯一的后代。没有买卖就没有杀害，莫让穿山甲无“甲”可穿！

5.2.4 森林精灵——百鸟朝凤

博物馆收藏有多种鸟类标本，这些标本通过生态布置，不仅造型鲜活、栩栩如生，而且，通过拟音，让人聆听各种鸟类的悦耳歌唱和鸣叫，有亲历大森林的奇妙之感（图5-15）。

图 5-15　博物馆鸟类标本

5.2.5　爱情象征——鸳鸯(*Aix galericulata*)

鸳鸯别称中国官鸭、乌仁哈钦、邓木鸟，为鸭科鸳鸯属鸟类，国家二级重点保护动物(图 5-16)。鸳指雄鸟，鸯指雌鸟，故鸳鸯属合成词。雌雄异色，雄鸟羽毛鲜艳华丽，雌鸟为灰褐色，主要栖息在山地森林河流、湖泊等地，是中国著名的观赏鸟类。由于人们看到的鸳鸯都是成双成对的，因此它们被看成是爱情的象征，常用来比喻男女之间的爱情①。

图 5-16　博物馆鸳鸯标本

① 引自 https://baike.baidu.com/item/%E9%B8%B3%E9%B8%AF/10203899?fr=aladdin。

5.3 多彩的四季风光

该展厅通过视频短片、虚拟漫游技术演绎大别山各个景区中的春夏秋冬景色，模拟大别山独有的杜鹃花海场景、良田美景等，向游客们直观地展示了大别山的自然生态风光（图5-17）。

图5-17　四季风光虚拟视频短片

6　科普之家　互动乐园

黄冈大别山地质公园博物馆不仅向游客们讲述了大别山的地质故事、展示了丰富多样的动植物标本，还专门开辟了科普互动区，通过互动体验项目，为博物馆内的游客，尤其是青少年游客，带来了体验科学的乐趣(图 6-1)。

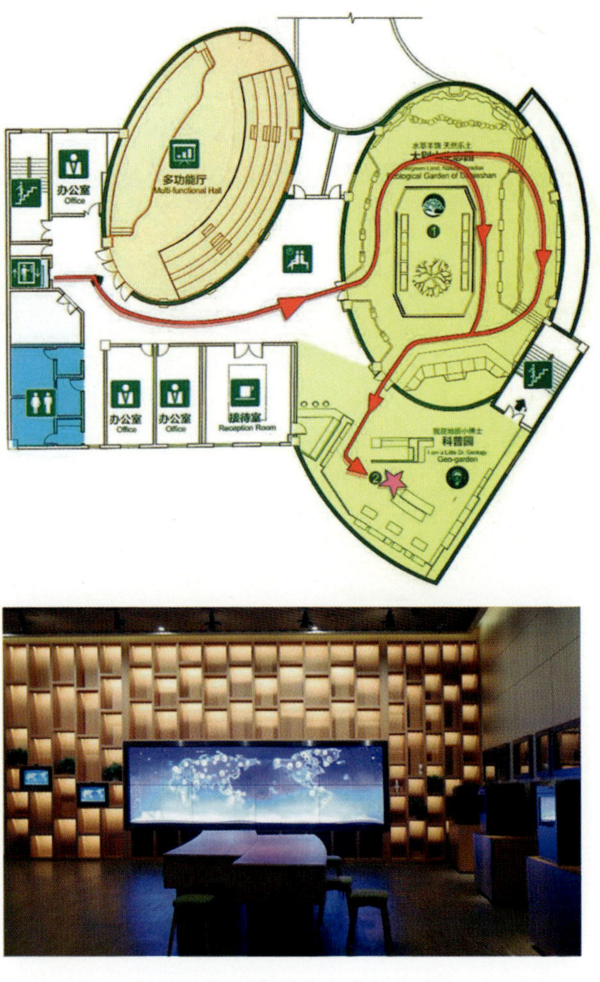

图 6-1　当前位置——②科普园

6.1 地质调查攻略

6.1.1 给大地“把脉”

地质调查（geological survey），指的是一切以地质现象（岩石、地层、构造、矿产、水文地质、地貌等）为对象，以地质学及其相关科学为指导，以观察研究为基础的调查工作，是人们寻找矿产资源、预测地质灾害、指导工程建设的重要依据，可以说地质调查就是给大地“把脉”（图 6–2）。

图 6–2 野外地质调查

6.1.2 地质调查工作的流程

地质调查工作流程见表 6–1。

第一阶段（资料的收集与分析）

调查前的准备阶段：通过借阅各类图鉴、文献资料等，对野外工作区域形成深入的认识，确定野外考察路线。

第二阶段（野外踏勘）

野外调查工作阶段：野外实地勘察不仅为设计书编写采集提供直接依据，还会影响后续地质调查工作的开展。

野外勘察工作流程：资料收集与人员组织→剖面实测→地质填图→槽探→坑探编录→钻探→采样→测量。

第三阶段（设计编写与审批）

调查后的室内工作阶段：从野外归来后的室内工作十分繁重，需要修理标本、镜下观察，进行各种实验和测试，最后完成调查报告，并绘制新的地质图。

表 6-1　地质调查工作流程

步骤		工作内容
1		出发前的准备工作：要对野外工作区域有一个深入的认识，确定野外考察路线，并在图上标出。这需要提前借阅并浏览各类图鉴、文献资料。
2		测量是野外工作中重要的一项。其中，罗盘是重要的测量仪器，它不仅用来确定方向和防伪，还用来测量山坡坡度、岩层的倾向、倾角等重要的地质数据。
3		放大镜是眼睛的延伸，我们用它来观察辨别岩石中的矿物。只有了解岩石中的主要矿物，才能更好地认识岩石，认识这片山川。
4		采集标本是野外工作中的重要一项。采集的标本将被带回实验室研究，需要进行物理、化学等方面的实验。
5		将野外看到的地质现象用素描和文字说明的方式记录在野外记录簿上。这本野外记录簿太宝贵了，千万不要丢失！

续表 6-1

步骤		工作内容
6		对地质现象进行拍照是一项重要的内容，但是拍照时一定要放上一种物品做比例尺，比如地质锤。
7		野外路线走得准不准，不仅关乎地质调查工作的效果和成败，更关乎个人的生命安全，因此需要随时在地图上定点。这些点的经纬度坐标也是重要的地质信息。
8		野外生活很艰苦，有时要到超高海拔地区作业，有时要风餐露宿睡帐篷。
9		在野外经常要攀爬陡峭的山峰，为的是获取地球母亲身上更多的科学信息——这些信息就蕴藏在山中的岩石里。
10		从野外归来，室内工作也很繁重，需要修理标本，镜下观察，进行各种实验和测试，最后完成可能厚达数百页的调查报告，并绘制新的地质图。

6.1.3 地质调查工作的工具

就像战士离不开钢枪一样，地质工作者们也有自己必不可少的“亲密伴侣”，那就是罗盘、锤子、放大镜，被大家亲切地称作“三大件”(图 6-3)。

地质罗盘，可叫作“袖珍经纬仪”。主要包括磁针、水平仪和倾斜仪，结构上可分为底盘、外壳和上盖，主要仪器均固定在底盘上，三者用合页联结成整体，可用于识别方向、确定位置、测量地质体产状及草测地形图等。实际上罗盘和生活中常见的指南针相似，当我们在

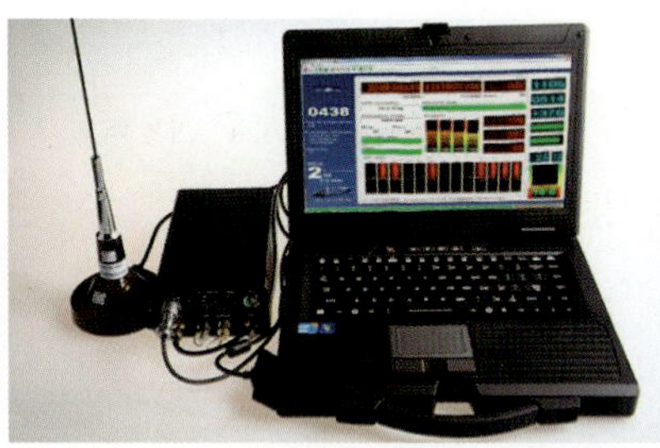

图 6-3　地质调查工具

渺无人烟的荒郊野外时，它可以给我们指引方向。不仅如此，我们还可以用罗盘测量岩石的产状，判断岩石是水平的还是倾斜的，倾斜多少度。

锤子，可叫作“手锤”，选用优质钢材制成，其式样随工作地区的岩石性质而异。主要是用来敲击岩石、整修岩石、采集标本。

放大镜，作为一种简单的目视光学器件，是眼睛的延伸。主要是用来仔细观察岩石的矿物成分和内部结构的，以便于地质工作者认识、识别岩石，准确定名。

随着科学技术的日益发达，在传统“三大件”的基础上，地质工作者的设备也逐渐升级，逐渐出现了新的“三大件”，即 GPS 全球定位系统、数码相机和笔记本电脑，极大地方便了地质工作者的野外工作。

6.1.4　地质工作者的多彩人生

有这样一群人，他们远离繁华都市，告别温暖家庭，头顶烈日，脚踏寒露，默默地奉献着；他们没有豪言壮语，没有丰功伟绩，然而，正是他们书写了新中国地质矿产事业的历史，为祖国建设立下了不朽的功勋。他们就是新中国最可爱的人——地质工作者。

长期在荒山僻岭奔波，以地为床、天为被，地质工作者一代一代传承着“三光荣”精神：“以献身地质事业为荣”体现了奉献精神，“以艰苦奋斗为荣”体现了创业精神，

“以找矿立功为荣”体现了奋斗目标，为国家和人民找大矿、找富矿，提供充足的矿产资源，这独特的山野精神，把地质队打造成了一支特别能战斗的功勋卓著的英雄队伍，是“地质之魂”。

地质工作者可以说是地球科学文化普及与传播的支柱力量。

你知道吗？地质工作者掌握丰富的地学知识，他们工作在第一线，江河湖海、山川平原，处处都留下了他们的足迹，“产出的”是地质行业的第一手资料，为地质科学文化的广泛传播准备了丰富的素材。

你知道吗？地质工作者普遍受到过良好的教育，具有较高的文化修养，很多都是多才多艺，能够将专业的知识与成果转化成为适合不同层面人群理解接受、能广泛传播的文化产品，使地球科学文化传播具有丰富的大众喜闻乐见的形式。

你知道吗？从中国地质事业起步开始，地质工作者就在极为艰苦的条件下坚持不懈、拼搏进取。地质工作者吃苦耐劳、踏实肯干的精神，是传播地球科学文化并不断取得进步的精神保证。

6.2 科普园地——我国的重要化石产地

我国是古生物化石比较发育的国家之一，几乎遍及全国各地。特别是近年来先后发现的河南南阳、湖北郧阳、内蒙古二连恐龙蛋及骨骼化石，辽西的鸟化石，云南澄江动物群化石，山东山旺动、植物等珍稀的古生物化石，受到国际上特别是科学界的广泛青睐。博物馆内专门设置科普角，介绍了我国重要化石产地，向游客展示了国家乃至世界的宝贵遗产（图 6–4～图 6–10）。

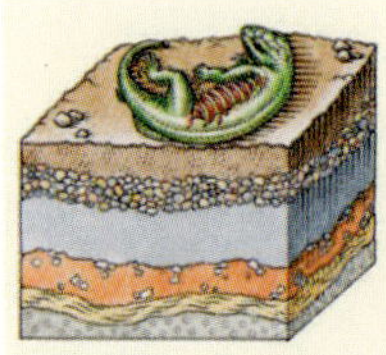
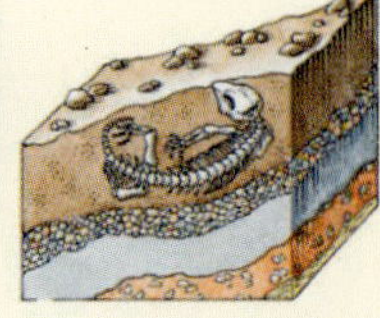
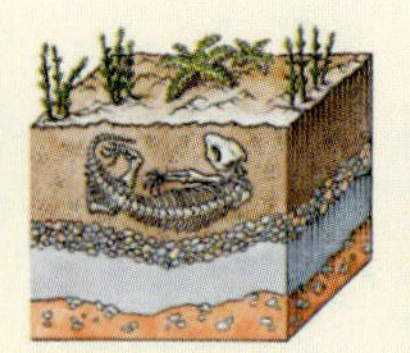
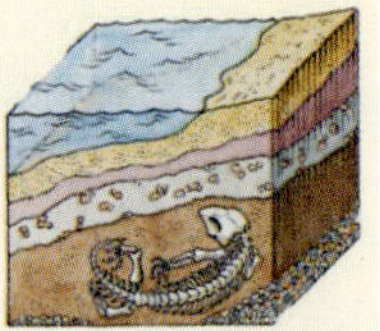

图 6-4 化石的形成示意图

图 6-5 和政动物群

图 6-6 关岭动物群

图 6-7 澄江动物群

图 6-8 热河生物群

图 6-9　山旺生物群

图 6-10　科普园地的化石标本

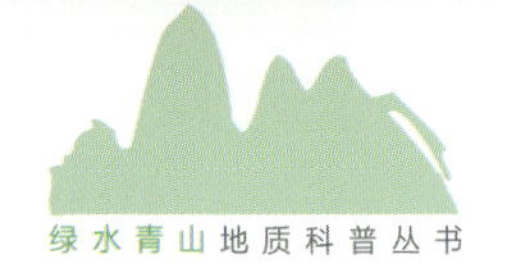

6.3　3D 打印工作坊

3D 打印，又称三维打印，是一种以数字模型文件为基础，运用粉末状金属或塑料等可黏合材料，通过逐层打印的方式来构造物体的快速成型技术。

3D 打印的设计过程是：先通过计算机软件建模，再将建成的三维模型“分区”成逐层的截面，即切片，打印机通过读取文件中的横截面信息，用液体状、粉状或片状的材料指导打印机将这些截面逐层地打印出来，再将各层截面以各种方式黏合起来从而制造出一个实体。

博物馆内为观众提供了制作动植物标本的工作区域，并配备显微镜、3D 打印机（图 6–11），可用于各类标本的制作和打印，观众在馆内即可亲身体验 3D 打印的新奇过程。

图 6–11　科普园的 3D 打印设备

6.4 化石拓片体验

拓片，是中国一项古老的传统技艺，是使用宣纸和墨汁，将碑文石刻、青铜器皿上的文字或图案，清晰地拷贝出来的一种技能。

拓片的过程

拓片是将单宣纸或棉连纸覆盖在实物文物上，在纸上施加白芨水，用打刷打之使其与文物形成一体，然后用扑子上墨，使其文字或图形复印下来。此技术是文物实物复制中不可缺少的重要环节。

我们的祖先从唐代就开始实行响拓，把真迹放在下面，上履薄纸照样双钩填墨。宋代以后，又有乌金拓、蝉翼拓、朱拓等。拓片的制作就是把器物上的文字或图像印在纸上，使得原物的大小长短、粗细深浅、花纹的阴阳明暗都能自然逼真地表现出来。

博物馆创设化石拓片体验活动，以帮助我们铭刻地球上的远古生命。地球是我们人类赖以生存的家园，从远古生物群到今天的人类社会，地球上有过数也数不清的生物，但是随着时光的变迁，很多生物我们再也看不到它们的真容，只能以化石标本和文字来展示和记录它们。为了调动观众的积极性，达到科普的目的，博物馆向观众提供动植物化石或化石模型，以及宣纸、墨水等必须物品，观众可在工作人员的指导下制作化石拓片，完成后可将拓片作为纪念品带走。

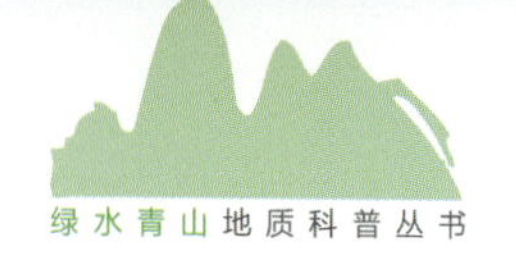

在博物馆这一部分做完这些体验，可以沿三楼安全通道（图6-12)或电梯下楼,参观其他内容。

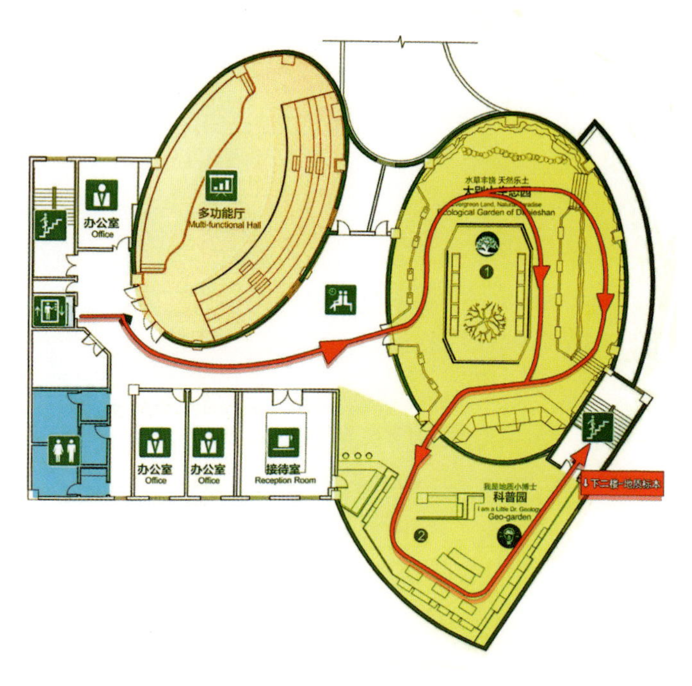

图6-12 当前位置——三楼安全通道(下楼)

7　天工开物　地质精华

了解了地球的故事，游遍了大别山风光，我们再来赏析一下博物馆收藏的地质标本吧。在博物馆二楼东侧的地质标本精华厅中（图7-1），展出了黄冈大别山地质公园博物馆收藏的珍贵矿物、古生物化石等标本，展出的展品共100余件。

在这众多的展品当中，可谓“镇馆之宝”的当属一幅占满了整个墙面的巨幅海百合化石。此外，展厅还展出了石油马来鳄、古龟化石、鱼龙、强壮鱼、驰龙、小盗龙等珍贵动物化石，以及古植物化石。除此之外，这个展厅里还展出有大量晶莹剔透、晶型各异、色彩斑斓的矿物标本，这些珍稀的化石和奇特的矿物是如何形成的呢？它们又有怎样的故事呢？让我们来一探究竟吧。

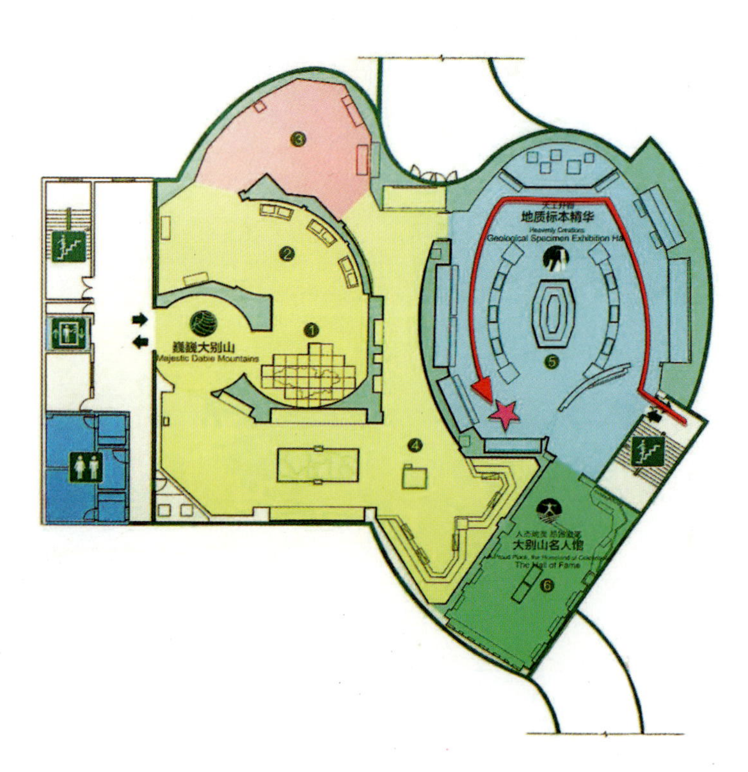

图7-1　当前位置——⑤天工开物——地质标本精华厅

7.1 化石里讲述的故事

7.1.1 化石是什么?

通俗地讲,化石就是远古地质时期的动植物死亡以后的遗体或遗迹,经过多年的地质变化,形成一种保留有远古生物的外壳、骨骼、根茎的一种特殊的石头,科学家就把它们叫作化石。化石是远古生命在地球存在过的痕迹,是现在学者解读过去,解读生命演化和地球环境变迁的一种重要工具。黄冈大别山地质公园博物馆收藏的部分化石标本(图 7-2),给我们揭示了生物演化的密码。

图 7-2 博物馆化石展示墙

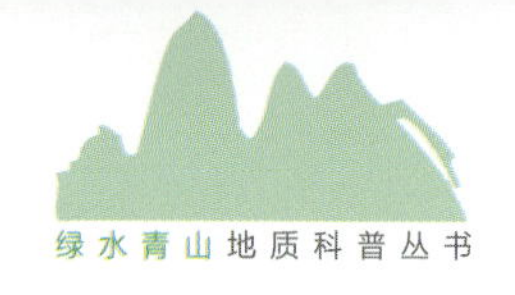

7.1.2 化石是如何形成的？

自然界中的一切生命，在其生命完结之后，都会腐败分解，但是总有例外发生。当一个生物死亡之后，被沉积物（泥沙、火山灰等碎屑物和碳酸钙等化学沉积物）掩埋了起来，除了坚硬的骨、牙或木质组织等部分，身体其他柔软部分都会腐烂掉。随后，更多的沉积物把遗体越埋越深，使遗体周围的沉积物逐渐变成致密的岩石。随着时间流逝，骨架被逐渐分解掉，在岩石中留下了这个生物形状的空腔，相当于化石形成过程当中的“模具”。在骨架分解的过程中，可能会有水分渗透进来，而这些水中的矿物质会填充进“模具”之中，使其变成更加致密的石头，化石就这样形成了。

与陆生生物化石相比，我们现在能看到更多的水生生物的化石，原因就是陆上生物很难形成化石，而海洋湖泊底这样的环境是非常适合化石的形成的，在地壳经过沧海桑田的变迁之后，这些深埋的化石就被我们发现了。

7.1.3 古生物化石分类

古生物化石的分类，是按照逐级分类的方法，由大系统到小系统逐级进行的，即界、门、纲、目、科、属、种。黄冈大别山地质公园博物馆收藏的古生物化石标本包括：无脊椎动物化石、脊椎动物化石、古植物化石等。“脊椎”是什么呢？大家摸摸自己的后勃颈，感受到一节节突出的坚硬骨骼，这种骨骼就是脊椎的一部分。凡是有这种骨骼的动物，就是脊椎动物，没有这种骨骼的，就是无脊椎动物。

7.1.4 盛开的百合花——海百合（*Crinoidea*）

博物馆这块海百合化石墙（图7-3）产自贵州关岭，时代在晚三叠世（距今约2.3亿年）。这块珍贵的海百合化石保存完整，细节清晰可见，栩栩如生，似国画大师笔下绽放的百合花，是一块不可多得的藏品。

海百合是地球上最古老的无

脊椎动物之一，与现代生物——海参，属于同一门类。因其外形与百合花相似而得名，但它实际上是一种无脊椎动物。我们现在所见到的海百合化石，大多产自贵州关岭，关岭地区也是世界上海百合化石的主要集中地之一，其中的原因是什么呢？原来，距今大约 2.5 亿年的二叠纪末期，发生了地球史上第三次生物种大灭绝事件，有 95% 的物种消失。海洋中的物种首当其冲，珊瑚虫、腕足动物、菊石、海百合等许多无脊椎动物损失惨重。经历了晚二叠世的大灭绝后，正常的海洋动物类群到中三叠世才出现，这期间只有少量的幸存种出现在各个生态空间，比如海百合。晚三叠世时期的关岭地区处于一个残留的海盆中，气候温暖湿润，丰富的有机质被河流不断带入海中，为海百合提供了丰富的营养物质。晚三叠世卡尼期，关岭地区逐渐由浅海陆棚向局限盆地演化，印支构造运动使海湾多次封闭，在这种状态下海水处于缺氧状态，大量生物死亡并沉积，保留下化石。

图 7–3　海百合化石墙

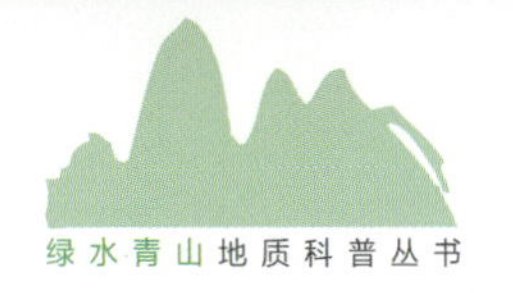

7.1.5 爬行动物化石

7.1.5.1 凶残的爬行者——石油马来鳄（*Tomistoma petrolic*）

博物馆这块石油马来鳄化石保存完整(图 7–4),产自广东省,时代在始新世中–晚期(距今约 3500 万年)。石油马来鳄因化石产自油页岩而得名，是一种嘴巴细长,非常凶猛的爬行动物。历史上马来鳄的分布范围较广,几百年前还曾出现于中国南方。现在,马来鳄在东南亚已很少见了,属于濒危动物。

马来鳄的性情十分凶猛残暴,它的食谱里不仅有水生动物,一些陆地上的动物也能被它捕捉到,甚至连兽中之王的老虎也会成为它腹中之物。1963 年,在广东省顺德县桂州公社,曾经出土过一块完整的鳄鱼上颌骨化石,据分析,这化石是属马来鳄。

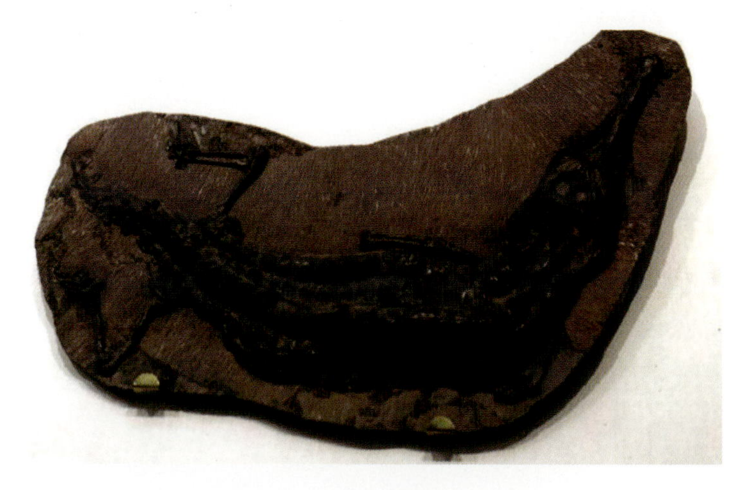

图 7–4　石油马来鳄化石

7.1.5.2 鹦鹉嘴龙（*Psittacosaurus*）

鹦鹉嘴龙又译鹦鹉龙,在希腊文意为“鹦鹉蜥蜴”,是角龙下目鹦鹉嘴龙科的一属,生存于早白垩纪的亚洲，约 1.232 亿年前到 1.1 亿年前。鹦鹉嘴龙是小型鸟脚类恐龙,体长约 1～2m。两足行走,头短宽而高，吻部弯曲并包以角质喙。所有的鹦鹉嘴龙化石都发现于亚洲的早白垩世沉积层中，从西伯利亚南部到中国北部，可能还有泰国。这些包含鹦鹉嘴龙地层最常见的年代，为早白垩世的阿普特期到阿尔布期，接近1.23亿年前到1亿年前。几乎所有在中国北部与蒙古这个地质年代的陆相沉积层，都发现了鹦鹉嘴龙的化石。博物馆的这具鹦鹉嘴龙化石，产自于我国的辽西地区（图7–5）。

图7–5 鹦鹉嘴龙化石

7.1.5.3 “小型盗贼”——小盗龙（*Microraptor*）

博物馆这块小盗龙化石产自辽宁省（图7–6），时代在早白垩世。小盗龙意为“小型盗贼”，是一种善于爬树掠食的小型肉食性恐龙，身长55～77cm，是世界上已知体型最娇小的恐龙之一。目前全国已发现近10个完整化石，极其珍贵。

小盗龙是掠食者，它们会吃鱼、蜥蜴、小型哺乳动物和鸟类。面对空中飞行自如的鸟类，小盗龙有

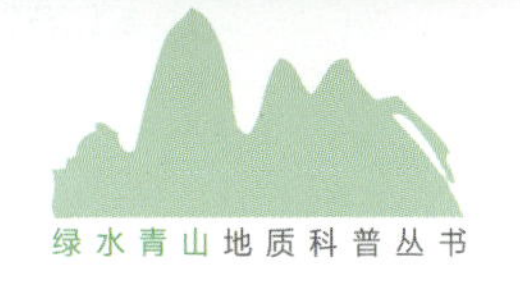

自己的办法。它们会躲在高高的树冠上一动不动，以免猎物察觉到自己的存在，待时机成熟会一跃而起，张开翅膀，快速向下俯冲，在鸟儿还没反应过来之前抓住它们。

图 7–6　小盗龙化石

7.2　珍贵的矿物

7.2.1　什么是矿物？

除了动植物化石，博物馆精华厅还收藏了不少珍贵的矿物。什么是矿物呢？矿物是由地质作用形成的天然体和化合物，具有相对固定的化学组成和稳定的内部结构，是组成岩石和矿石的基本单元。让我们来了解一下博物馆收藏的珍贵矿物吧(图 7–7)。

图 7-7　地质标本精华厅的矿物标本

7.2.2　矿物的分类

矿物的分类方法很多，目前在矿物学中比较常用的是晶体化学分类法，它以矿物的化学成分、晶体构造作为分类依据。根据这种分类，可把矿物分为五大类。①自然元素矿物，如自然金(Au)、自然硫(S)等；②硫化物矿物，如黄铁矿(FeS_2)，黄铜矿($CuFeS_2$)等；③卤化物矿物，如萤石(CaF_2)、石盐(NaCl)等；④氧化物及氢氧化物矿物，如赤铁矿(Fe_2O_3)、石英(SiO_2)、铝土矿(Al_2O_3)等；⑤含氧盐矿物，如硅酸盐矿物(正长石 $K_2O·Al_2O_3·6SiO_2$)、碳酸盐矿物(方解石 $CaCO_3$、蓝铜矿 $Cu_3(CO_3)_2(OH)_2$)、硫酸盐矿物(石膏 $CaSO_4$)、磷酸盐矿物(磷灰石 $Ca_5[PO_4]_3(F,OH)$等。

7.2.3　造型各异的矿物标本

7.2.3.1　宝石类矿物

博物馆收藏有祖母绿($Be_3Al_2(SiO_3)_6$)(图 7-8)，红宝石(Al_2O_3)(图 7-9)等宝石矿物标本。钻石、祖母绿、红宝石和蓝宝石，共称为自然界的四大名宝。其中,祖母绿属于硅酸盐矿物,红宝石属氧化物矿物。博物馆收藏的这两种宝石矿物,不仅晶体完整,而且色泽鲜亮,是难得的佳品。除此之外,博物馆还收藏有海蓝宝石（$Be_3Al_2(SiO_3)_6$）矿物晶体(图 7-10),海蓝宝石是一种含铍、铝的硅酸盐矿物,与祖母绿属于同一类型矿物,海蓝宝石与石榴石、碧玺等统称为彩色宝石。

图 7-8　祖母绿晶体

图 7-9　红宝石晶体

图 7-10　海蓝宝、长石共生晶体

7.2.3.2 自然元素矿物

目前，博物馆收藏有自然铜(Cu)矿物标本(图 7-11)。

7.2.3.3 硫化物矿物

雄黄(As_4S_4),是含砷的硫化物矿物之一（图 7-12)。传统的中医中,雄黄是矿物药物之一,具有清热解毒的作用,但由于含砷,长期服用有一定的毒性副作用。雄黄主要产于温泉沉积物中和硫质火山喷气孔内的沉积物中,雄黄加热到一定温度后在空气中可以被氧化为剧毒成分三氧化二砷,即砒霜。

辉锑矿(Sb_2S_3),是锑的最重要的矿石矿物(图 7-13)。我国是世界上最主要的产锑国。湖南、贵州、广西、广东、云南等省都有辉锑矿床分布。湖南冷水江锡矿山的大型辉锑矿床闻名于世。锑铅合金可供制作军事上所用的榴霰弹等。锑的化合物可作纺织物的防腐剂,在医药上的用途也较多。

此外还有闪锌矿(ZnS)等硫化矿物(图 7-14)。

图 7-11　自然铜

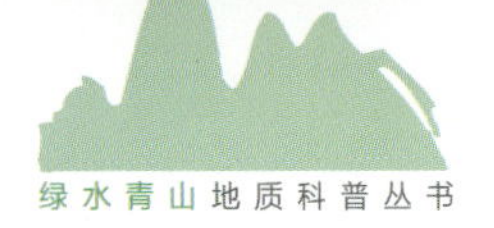

图 7-12　雄黄

图 7-13　辉锑矿

图 7-14　闪锌矿与方解石

7.2.3.4　卤化物矿物

博物馆最常见的卤化物矿物为萤石(CaF_2)(图 7-15),萤石又称氟石。自然界中较常见的一种矿物，可以与其他多种矿物共生，晶体呈玻璃光泽，颜色鲜艳多变，质脆。萤石颜色艳丽，结晶形态美观的萤石标本可用于收藏、装饰和雕刻工艺品①。

图 7-15 萤石

7.2.3.5 氧化物及氢氧化物矿物

水晶，主要成分是二氧化硅(SiO_2)(图 7-16)，在中国主要分布在江苏东海县、云南、北京西山。天然水晶，无色、晶莹剔透，十分惹人喜爱。博物馆还收藏有红水晶(图 7-17)、黄水晶(图 7-18)和墨晶(图 7-19)。

图 7-16 水晶

图 7-17 红水晶

① 引自 https://baike.baidu.com/item/%E8%90%A4%E7%9F%B3/258531?fr=aladdin。

图 7-18　黄水晶

图 7-19　墨晶

7.2.3.6　含氧盐矿物

博物馆收藏的含氧盐矿物主要有：硫酸盐类的矿物，如天青石$(Sr, Ba)SO_4$（图 7-20）；碳酸盐矿物，如方解石（$CaCO_3$）（图 7-21）、文石（$CaCO_3$）（图 7-22）和蓝铜矿（$Cu_3(CO_3)_2(OH)_2$）（图 7-23）等。

图 7-20　天青石

图 7-21　方解石

图 7-22　文石

图 7-23　蓝铜矿与孔雀石

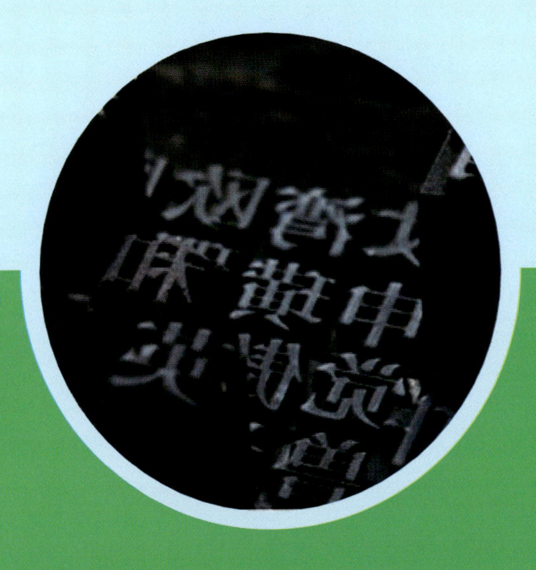

8　人杰地灵　英才辈出

湖北黄冈物华天宝，人杰地灵，向来有“惟楚有才，鄂东为最”之说。在黄冈这片土地上，无数名人在历史长河中脱颖而出，包括科学巨匠、医学名家、革命先驱、宗教禅宗……其涉及领域之广、层次之高、贡献之巨、影响之大，在全国都十分罕见。现在，让我们走进大别山名人馆，看一看那些从大别山走出的名人吧(图 8-1、图 8-2)。

图 8-1　大别山的名人

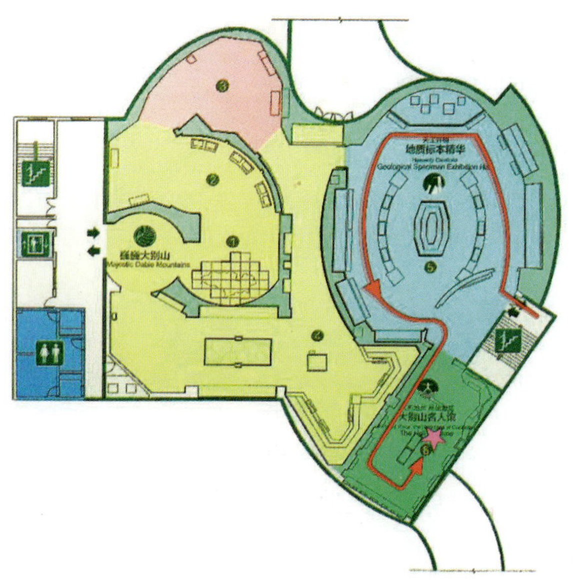

图 8-2　当前位置——⑥大别山名人馆

8.1 科学巨匠

8.1.1 一生襟抱为国开，永攀科学最高峰

“我是炎黄子孙，理所当然地要把学到的知识全部奉献给我亲爱的祖国。”

——李四光

李四光（1889年10月—1971年4月），字仲拱，原名李仲揆。黄冈团风人，蒙古族。作为国际著名地质学家，中国地质力学创立者，中国现代地球科学奠基人和新中国地质事业的主要领导人、奠基人之一，李四光为中国地质科学的发展，作出了前无古人的卓越贡献。

8.1.1.1 李四光对地质科学的贡献

李四光创立了古生物䗴科的分类系统、山字形构造体系；创造性地创建了地质力学；提出了中国第四纪冰川的存在；在外国专家一致认为中国是一个贫油大国的情况下，李四光敢于挑战权威，所提出的新华夏沉降带找油理论为中华人民共和国成立后石油的勘探和开发作出了巨大贡献；在铀矿的勘探研究中，使得中国核工业领域得到进一步拓展，为中国的国防建设添砖筑瓦；年迈之时，还为预防地震和地热资源开发奋战到最后一刻（尹璐，2017）。

李四光著有《地质力学概论》一书，认为地壳运动中发生岩石变形是由于地应力作用的结果（图8-3）。1947年他代表中国出席第18届国际地质大会，第一次应用他创立的地质力学理论，作了题为“新华夏海之起源”的学术报告，引起了强烈反响。从此地质力学这一由中国人创立的新学科正式载入史册。

李四光运用地质力学的思想对构造地质学、石油地质学、地震地质学、古生物学、地层学方面做

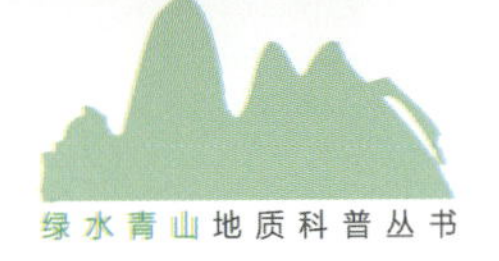

图 8-3　李四光的著作

出了卓越的贡献:在构造地质学方面,他运用力学观点来研究地壳运动现象,研究地质构造的发生、发展及组合的规律,认为各种构造形迹是地应力活动的结果,用力学观点研究地壳运动及其与矿产分布的规律,建立了“构造体系”这一地质力学的基本概念,为探索地质自然现象提供了新方法,为研究地壳运动规律开辟了新途径,开创了地质科学的新局面,在国际上享有崇高声誉。在石油地质学方面,他运用地质力学分析中国东部地区地质构造特点,提出新华夏构造体系3个沉降带有广阔找油远景的认识,从理论上否定了“中国贫油”论。1956年,他亲自主持石油普查勘探工作,在很短的时间里,先后发现了大庆、胜利、大港、华北、江汉等油田,为中国石油工业建立了不朽的功勋。在地震地质学方面,开创了活动构造研究与地应力观测相结合的预报地震途径,为实现地震预报指出了方向。在古生物学和地层学方面,对鉴定古生物䗴科化石、发现中国第四纪冰川遗迹等建立了卓越的功勋。早在20年代初,实地考察了中国太行山麓、大同盆地、庐山和黄山等地,先后发现第四纪冰川遗迹,推翻了国际上许多冰川学权威断言中国无第四纪冰川的错误结论。

8.1.1.2　李四光的精神

李四光把一生献给了科学事

业，献给了祖国和人民，他以满腔的爱国热情，求真务实，开拓创新，无私奉献，为繁荣和发展中国科学事业、地质事业，作出了杰出的贡献。

矢志不移的爱国情怀：李四光一生始终以中华民族的利益为重。少年海外求学，奋发学习，在祖国沉沦于外国列强奴役和凌辱的年代，毅然投身革命；新中国成立，百废待兴，他毅然回到祖国，为富民强国寻找和开发地下资源，为新中国经济建设和科技发展建立了不朽的业绩。

求真务实的科学品格：李四光始终把严谨求实作为治学的基本要求，他反复强调，自然现象是很复杂的，一定要由近及远，由简入繁，坚持学术标准和科学规范，并将这种优良作风传授给年轻科技工作者，保持了科学家崇高的学术操守和价值判断。

强烈执着的创新意识：李四光一生坚持科学创新，反对墨守成规。他用毕生的心血创立了地质力学这门新兴学科，发展了中国第四纪冰川学科，建立了学科分类标准，沿用至今。他强烈的创新意识、执着的创新态度和丰硕的创新成果，对中国科学发展和技术进步，产生了深刻而长远的影响。

鞠躬尽瘁的奉献精神：无私奉献是贯穿李四光一生的品格风范，是他报效祖国、服务人民的动力之源。他逾古稀之年，还亲临地震灾区考察。后来他卧病在床时还念念不忘地震预测预报工作。他这种鞠躬尽瘁、死而后已的精神，将永远激励我们为中华民族伟大复兴而不懈奋斗。

8.1.2　来自民间的伟大发明家——布衣发明家

庆历中有布衣毕昇，又为活板。其法：用胶泥刻字，薄如钱唇。每一字为一印，火烧令坚。先设一铁板，其上以松脂、蜡和纸灰之类冒之。欲印，则以一铁范置一铁板上，乃密布字印，满铁范为一板，持就火炀之。药稍熔，则以一平板按

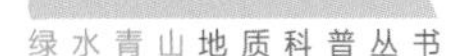

其面，则字平如砥。若止印三二本，未为简易，若印数十百千本，则极为神速。常作二铁板，一板印刷，一板已自布字，此印者才毕，则第二板已具，更互用之，瞬息可就。每字皆有数印，如之、也等字，每字有二十余印，以备一板内有重复者。不用则以纸贴之，每韵为一贴，木格贮之。有奇字素无备者，旋刻之，以草火烧，瞬息可成。不以木为之者，文理有疏密，沾水则高下不平，兼与药相粘，不可取，不若燔土，用讫再火，令药熔，以手拂之，其印自落，殊不沾污。昇死，其印为予群从所得，至今宝藏之(图 8-4)。

——宋代沈括《梦溪笔谈》节选(沈括，1998)。

毕昇(约 970—1051 年)，黄冈英山人，是中国古代四大发明之一——活字印刷术的发明者。其发明活字印刷术，是印刷史上的一次伟大革命，比德国人谷登堡发明金属活字印刷早四百年，不仅为中国文化经济的发展开辟了广阔的道路，也为推动世界文明的发展作出了重大贡献(田建平，2006)。

图 8-4　活字印刷术

毕昇初为印刷铺工人，专事手工印刷。他在印刷实践中，深知雕版印刷的艰难，在认真总结前人的经验后，发明了活字印刷术。毕昇的胶泥活字首先传到朝鲜，称为“陶活字”。唐代，刻板印刷在中国已非常盛行，并先后传至朝鲜、日本、伊朗等国，15世纪，活字板传到欧洲，16世纪，活字印刷术传到非洲、美洲、俄国，19世纪传入澳洲。

活字印刷制作程序：先用胶泥做成一个个规格统一的单字，用火烧硬，使其成为胶泥活字，然后把它们分类放在木格里，一般常用字备用几个至几十个，以备排版之需。排版时，用一块带框的铁板作底托，上面敷一层用松脂、蜡、纸灰混合制成的药剂，然后把需要的胶泥活字一个个从备用的木格里拣出来，排进框内，排满就成为一版，再用火烤。等药剂稍熔化，用一块平板把字面压平，待药剂冷却凝固后，就成为版型。印刷时，只要在版型上刷上墨，敷上纸，加上一定压力，就行了。印完后，再用火把药剂烤化，轻轻一抖，胶泥活字便从铁板上脱落下来，下次又可再用①。

8.2 医学名家

◆医中之圣——李时珍

“欲为医者，上知天文，下知地理，中知人事，三者俱明，然后可以语人之疾病。不然，则如无目夜游，无足登涉。”

——李时珍

李时珍（1518—1593年），字东壁，号濒湖，黄冈蕲春人，明代著名

① 活字印刷的发明.网易科技,引用日期,2014-02-26。

医药学家，联合国纪念的世界十大杰出科学家之一。他所著的医药巨著《本草纲目》，被人们誉为“中国古代的百科全书”，在世界科学史上占有重要地位(图 8-5)。

图 8-5　李时珍

◆李时珍与《本草纲目》

李时珍借用朱熹的《通鉴纲目》之名，定书名为《本草纲目》。嘉靖三十一年(1552 年)，着手编写，至明万历六年(1578 年)三易其稿始成，前后历时 27 年。《本草纲目》凡 16 部、52 卷，约 190 万字。全书收纳诸家本草所收药物 1518 种，在前人基础上增收药物 374 种，合 1892 种，其中植物 1195 种；共辑录古代药学家和民间单方 11 096 则；书前附药物形态图 1100 余幅。这部伟大的著作，吸收了历代本草著作的精华，补充了以前的不足，并有很多重要的发现和突破。到 16 世纪为止该书是中国最系统、最完整、最科学的一部医药学著作。

李时珍打破了自《神农本草经》以来，沿袭了一千多年的上、中、下三品分类法，把药物分为水、火、土、金石、草、谷、菜、果、木、器服、虫、鳞、介、禽、兽、人共 16 部，包括 60 类。每药标正名为纲，纲之下列目，纲目清晰。书中还系统地记述了各种药物的知识。包括校正、释名、集解、正误、修治、气味、主治、发明、附录、附方等项，从药物的历史、形态到功能、方剂等，叙述甚详，丰富了本草学的知识。李时珍按层次逐级分类的方法，将一千多种植物，按照经济用途与体态、习性和内含物的不同，先把大同类物质向上归为五部(即草、目、菜、果、谷为纲)，部下又分为30类(如草部9类，木部6类，菜、果部各7类，谷5类是为目)，再向下分为若干种。不仅提示了植物之间的亲缘关系，而且还统一了许多植物的命名方法。

《本草纲目》不仅为中国药物学的发展作出了重大贡献，而且对世界医药学、植物学、动物学、矿物学、化学的发展产生了深远的影响。先后被译成日、法、德、英、朝鲜等十余种文字在国外出版。书中首创了按药物自然属性逐级分类的纲目体系，这种分类方法是现代生物分类学的重要方法之一，比现代植物分类学创始人林奈的《自然系统》早了一个半世纪，被誉为“东方医药巨典”。2011年5月，金陵版《本草纲目》入选世界记忆名录。

李时珍亲尝百草

有人说，北方有一种药物，名叫曼陀罗花，吃了以后会使人手舞足蹈。为了搞清楚曼陀罗草药的性质，李时珍专程到北方，发现了独茎直上高有四、五尺，叶像茄子叶，花像牵牛花，早开夜合的曼陀罗花。为了掌握曼陀罗花的性能，他冒着生命危险亲身试药，喝下用其花籽浸泡过的酒，说道“乃验也”，并记下了“割疮炙火，宜先服此，则不觉苦也”，证实了曼陀罗确有令人麻醉的功效。据现代药理分析，曼陀罗花含有东莨菪碱，对中枢神经有兴奋大脑和延髓作用，对末梢有对抗或麻痹副交感神经作用。

李时珍在做曼陀罗花毒性试验时，联想到本草书上关于大豆有解百药毒的记载，也进行了多次试验，证实了单独使用大豆是不可能起到解毒作用的，如果再加上一味甘草，就有良好的效果，并说道：“如此之事，不可不知。”

8.3 革命先驱

8.3.1 不忘初心，贯彻始终

愚公未惜移山力，壮士须怀断腕观。

——董必武

董必武(1886—1975年)，原名董贤琮，又名董用威，字洁畬，号壁伍。湖北黄安(今红安)人。曾任中共六届中央委员，七、八、九届中央政治局委员，十届中央政治局常委。

董必武是中国共产党的创始人之一，伟大的马克思主义者，杰出的无产阶级革命家，中华人民共和国开国元勋，党和国家的卓越领导人，中国社会主义法制的奠基者。他为中国人民的解放事业和社会主义建设事业作出了卓越的贡献，建立了不朽的功勋。

董必武长期从事法制建设的实际工作，根据马克思主义关于国家和法的学说，结合中国法制建设的具体实际，提出了许多独创性的见解。他针对50年代中国法制工作中的问题明确地指出，加强法制的中心环节是依法办事，一是要有法可依，二是要有法必依。要根据中国的实际情况逐步制定出必要的法规。特别要抓紧刑法、民法等基本法律的制定工作。要加强法制建设和法制宣传，提高人民当家作主的思想，培养人民的法律意识，使人民信法、懂法、守法。党员和干部首先要模范地遵守法制。凡自命特殊、置国法于不顾而犯了法的人，不管他地位多高，功劳多大，一律要追究法律责任。董必武同志的马克思主义法学思想，对于当今加强社会主义法制建设仍然具有十

分重要的指导意义，这也是他留给后人极为珍贵的精神遗产①。

8.3.2　治国良才的“非常之路”

贪污腐化是侮辱了自己的人格。

——李先念

李先念（1909—1992 年），湖北黄安（今红安）人，是伟大的无产阶级革命家、政治家、军事家，坚定的马克思主义者，党和国家的卓越领导人。他毕生奋斗，为中华民族独立和中国人民解放，为社会主义革命、建设、改革事业，为建设富强民主文明和谐的社会主义现代化国家，作出了不可磨灭的贡献，赢得了全党全军及全国各族人民的崇敬和爱戴。

李先念，1926 年 10 月参加农民运动，1927 年 11 月率领家乡农民参加黄（安）麻（城）起义，12 月加入中国共产党。全国抗日战争爆发后到达延安。1938 年任中共河南省委军事部部长。1939 年起历任新四军豫鄂独立游击支队司令员、豫鄂挺进纵队司令员，率部开展敌后游击战争，开辟豫鄂边抗日根据地。1941 年皖南事变后，任新四军第五师师长兼政治委员，率部多次挫败日伪军的“扫荡”“蚕食”和国民党顽固派的军事进攻。1942 年兼任中共豫鄂边区委书记，领导军民多次挫败日伪军的进攻，巩固和扩大了抗日根据地。据中国共产党新闻载文称，抗日战争时期，李先念曾先后担任鄂豫边区军事部长、边区党委书记，新四军第五师师长兼政委。李先念处处与干部、战士同甘共苦，深受全军将士的尊敬和爱戴。

① 人民网.《人民日报》，1986-03-06(4)。

8.4 黄冈名人表[1](以年代为序)

黄冈物华天宝，人杰地灵。在历史的长河中，黄冈地区涌现出了许多影响中华文明进程和华夏文化的杰出人物，在这小小的名人馆里(图 8-6)，列举了出生在黄冈、生活工作在黄冈的 100 位名人，但这只是灿若繁星黄冈名人中的一部分，让我们记住这些名人，感受黄冈“名人之乡”的源远流长和博大精深。

8.4.1 中国共产党名人

◆中国共产党创始人

1.董必武，中华人民共和国代主席，伟大的马克思主义者，杰出的无产阶级革命家，中华人民共和国开国

图 8-6 名人馆展厅

① 引自黄冈市文化局、黄冈市发改委编制的《黄冈名人文化建设规划》。

元勋，党和国家的卓越领导人。

2.陈潭秋，无产阶级革命家，中国共产党创始人。

3.包惠僧，中国共产党创始人。

◆中央军委确定的军事家

4.林彪，元帅，军事家。

5.李先念，中华人民共和国主席，无产阶级革命家、政治家、军事家，坚定的马克思列宁主义者，党和国家卓越领导人。

6.王树生，大将，军事家。

◆对中国革命有重大贡献的英烈

7.林育南，党早期著名革命家和工人运动领袖，对中国革命有重大贡献。

8.张浩（林育英），杰出的革命家、军事家、工人运动的先驱和卓越领导人。

9.吴焕先，参加领导黄麻起义，曾任红四方面军政治部主任，红二十五军军长、政委，鄂豫陕省委副书记、代理书记。

8.4.2 “双百”人物

◆军事将领

上将军衔（10—19）：王宏坤、王建安、陈再道、陈锡联、周纯全、秦基伟、郭天民、韩先楚、谢富治、王诚汉。

中将军衔（20—23）：王必成、张才千、李天焕、李成芳。

少将军衔（24）：周世忠。

8.4.3 各领域具有重大影响的人物

◆杰出科技人物

25. 毕昇，发明活字排版印刷术，我国古代四大发明之一。

26.庞安时，北宋著名医学家，著有《伤寒总病论》。

27.刘天和，明朝著名军事家、水利专家。

28.万密斋，明代著名医学家，清初被封为“医圣”，著有《万密斋医学全书》共100余卷。

29.李时珍，明代医圣、著名医药学家，著有《本草纲目》，联合国纪念的世界杰出十大科学家之一。

30.杨济泰，清代著名医学家，著有《医学述要》36卷。

31. 李四光，世界著名地质学家，地质力学创始人，中国科学院院士，被誉为“中国科学界的一面旗帜”。

32.王亚南，著名经济学家、《资本论》中译者之一，国务院学部委员。

33.汤佩松，世界著名植物生理学家，中国植物生理学的奠基人，中国科学院院士。

34.干铎，著名林学家、教育学家，中国当代森林经理学的开拓者之一。

35.鲁桂珍，科学技术史专家、营养学家。

36.涂长旺，著名气象学家、社会活动家、教育家，新中国气象事业的奠基人。

37.彭桓武，理论物理学家，中国科学院院士，“两弹一星”功勋人物，中国氢弹之父。

38.李林，著名物理学家，中国科学院院士，李四光之女。

39.闻立时，中国工程院院士，著名薄膜和纳米科技专家、材料学家、太阳能科技泰斗。

◆杰出文化人物

40.道信，佛教禅宗四祖，被唐代宗谥为“大医禅师”。

41.弘忍，佛教禅宗五祖，中国化禅宗创始人，被唐代宗谥为“大满禅师”。

42.程颢，宋代著名理学家、教育家。

43.程颐，北宋理学家、教育家，与其胞兄程颢创立“洛学”，为程朱理学奠定基础。

44.潘大临，第一位具有全国影响的黄州诗人，以布衣之身驰名于北宋文坛。

45.滕斌，元代第一流散曲家。

46.胡明庶，明代嘉靖年探花，有多方面的学术成就，精于音律。

47.刘侗，明代竟陵学派代表作家，与于奕合著《帝京景物略》，是竟陵派最成功的散文作品集。

48.刘子壮，清代顺治年状元，授国史馆编修。

49.杜茶村，清初遗民诗人代表人物之一，文名满天下，著有《变雅堂诗集》《变雅堂文集》等。

50.顾景星，明末清初著名学者和文学家，著有《黄公说字》《白茅堂集》等。

51. 曹本荣，清初著名儒学学者，理学家，编著儒学经典《易经通注》。

52.陈诗，进士，主讲江汉书院等书院，从学者甚众，著有《湖北旧闻录》《湖北诗文载》等，对湖北通志有开创之功，被誉为“楚北大儒”。

53.帅承瀛，清代嘉庆年探花，被道光帝嘉奖为“一代名臣”。

54. 文质明，嘉靖年间会试第一，武状元，善骑射，有异材；父子二人，一封为昭义将军，一封为昭勇将军。

55.邢秀娘，黄梅戏的创始人和重要代表人物。

56.陈沆，著名诗人、文学家，嘉庆年状元，清代古赋七大家之一，被称为“一代文宗”。

57.陈銮，嘉庆年探花，官至两江总督兼署江南河道总督，追赠为“太子少保”。

58.余三胜，京剧主要创始人之一，代表剧目有《四郎探母》《捉放曹》《定军山》《卖马》等。

59.余紫云，著名京剧艺术家，被尊为“青衣泰斗”。

60.王葆心，前清举人，著名方志学家，主要著作有《方志学发微》《中国教育史》等180余种。

61.程明超，清光绪年探花。

62.熊十力，著名哲学家、国学大师、新儒家学派创始人，著有《新唯识论》《原儒》《体用论》《佛家名相通释》等。

63.黄侃，著名学者，国学大师，所著《训诂学讲词》创立新训诂学理论体系。

64.余叔岩，余三胜之孙，余紫云之子，著名京剧艺术家、京剧余派创始人。

65.黄绍兰，著名学者，章太炎唯一女弟子。

66.汤用彤，著名哲学家、佛教史家、教育家，著有《汤用彤全集》。

67. 闻一多，杰出的爱国主义者，坚定的民主战士，著名诗人、学者，著有《闻一多全集》。

68.废名，原名冯文炳，著名作家，中国京派小说创始人之一，著有《废名文集》。

69.胡风，著名文艺理论家，诗

人，形成现代文学史上著名的“七月诗派”，著有《胡风全集》。

70.徐复观，“现代新儒家”代表人物之一，著名“现代大儒”，著有《中国思想史论集》《中国文学论集》《中国艺术精神》等。

71.沈云陔，著名楚剧艺术家、楚剧创始人之一，楚剧沈派代表人物。

72.叶君健，著名作家、翻译家，主要著作有长篇小说《火花》《自由》《曙光》《叶君健童话集》和译著《安徒生童话集》等。

73.秦兆阳，著名作家、文艺评论家。著有长篇小说《在田野上，前进!》等。

74.殷海光，台湾大学教授，著名逻辑学家，哲学家，台湾最负盛名的思想家，主要著作有《逻辑新引》《思想与方法》《中国文化的展望》等。

75.张敬安，著名作曲家，创作歌剧《洪湖赤卫队》获“20世纪华人音乐经典”奖。

76.郭超人，著名新闻记者，中共中央委员，新华社原社长。主要作品有《向顶峰冲刺》《西藏十年间》《非洲笔记》等。

◆辛亥革命军政人物

77.汤化龙，清末君主立宪派代表人物，民国初年北京政府重要人物。

78.居正，著名民主革命家、政治家、军事家、法学家，被尊为国民党元老。

79.张振武，辛亥革命先驱，武昌首义元勋。

80.田桐，辛亥革命先驱，同盟会发起人，参加武昌起义。

81.詹大悲，民主革命烈士，辛亥革命先驱。

◆外交名人

82.郭泰祺，国民党政府外交部长，联合国安理会首任中国首席代表。

83.刘文岛，爱国外交家，国民党陆军上将。

84.陈家康，外交家，曾任联合国宪章会议中国代表团中共代表董必武秘书，新中国外交部副部长。

◆著名历史军事人物

85.余玠，宋抗蒙治蜀名将，后升任兵部尚书。

86. 徐寿辉，元末农民起义领袖，拥兵百万，号称“红巾军”，建天完国，对推动历史进步具有重要作用。

◆“感动中国”人物

87.华益慰，著名医学专家，像白求恩那样把一切献给人民，把毕生献给军队医学事业。

8.4.4 客籍黄州名人

88.鲍照，南北朝著名文学家，任职于寻阳故城、大雷戍（均于今黄梅境内），著有《登大雷岸与妹书》，是文学史上著名作品，尊为山水文学开山之作。

89.慧能，禅宗六祖。

90.杜牧，晚唐著名文学家，任黄州刺史，《赤壁》《清明》等名诗将他的文学创作推向高峰。

91.王禹偁，北宋文坛领袖，任黄州知州，其散文《黄冈新建小竹楼记》是中国古代散文名篇，文学史尊称他为“王黄州”。

92.韩琦，北宋著名宰相，社稷重臣。年轻时曾在黄州安国寺苦读诗书，荣登科第，留下一段佳话。

93.苏东坡，北宋著名政治家、文学家，谪居黄州四年多时间，留下740多篇诗词文赋，达到文学创作高峰。

94.张耒，北宋著名诗人，“苏门四学士”之一，贬任（住）黄州，多有诗文。

95.岳飞，著名民族英雄、抗金名将，南宋中兴四将之一。引兵进剿叛军，收复蕲州、黄州。率岳家军主力驻防蕲黄地域。

96.秦钜，南宋抗金名将。金兵进犯蕲州，率3000将士及全城人民与侵略者决一死战，城破战死。

97.吴承恩，明代杰出小说家，《西游记》作者。曾在蕲州荆王府任荆王府纪善职务，《西游记》部分章节取材于蕲州。

98.李贽，明代著名思想家、文学家，寓住黄安、麻城近二十年。博学深思，讲学著述，不随俗见，抨击道学，自标异端，名动天下。

99.冯梦龙，明代著名文学家，

主要作品有《喻世明言》《警世通言》《醒世恒言》等。

100.于成龙，曾任黄州知府四年，为官清廉，被称为“天下廉吏第一”。

游览了黄冈大别山名人馆之后，就结束了黄冈大别山地质公园博物馆之旅（图8-7），这个充满丰富天文、地质、地貌、生态、文化知识和人文精神的博物馆，一定会给你留下深刻的印象，让我们在科学求索的召唤下，再次相聚！

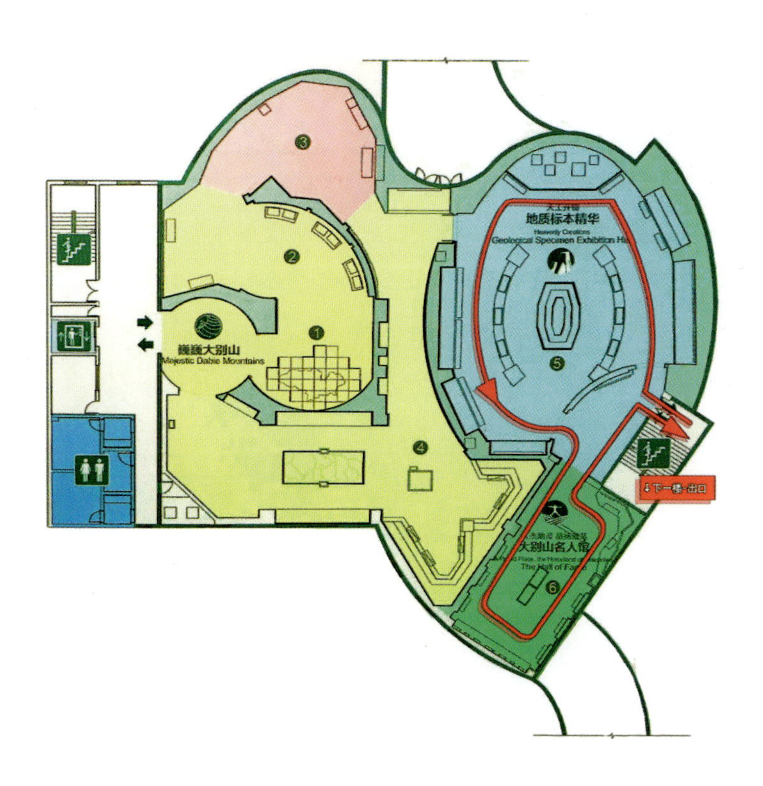

图8-7　当前位置——二楼安全通道(参观结束)

主要参考文献

查方勇，郭威，张健，等. 秦岭终南山世界地质公园地质遗迹资源及价值评价[J]. 干旱区资源与环境，2016(2): 182-187.

陈运发.新物种·珍贵自然遗产[M].南宁：广西人民出版社，2016.

盗龙.小盗龙[J].天天爱科学，2016(11)：12-15.

地质部地质辞典办公室.地质辞典地质辞典（五）地质普查勘探技术方法分册 上册[M].北京：地质出版社，1982.

房大任. 喜马拉雅造山带东段上三叠统充填序列及构造演化 [D]. 北京：中国地质大学(北京)，2018.

河海大学. 水利大辞典[M]. 上海:上海辞书出版社，2015.

李莉，段冶.中国中生代反鸟类研究概述[J].沈阳师范大学学报(自然科学版)，2006，24(3)：342.

李昕.青少年课外知识全知道[M].北京：中国华侨出版社，2015.

李亚林，张国伟. 大陆造山带的研究趋势和进展 [J]. 陕西地质，1999(10):81-88.

李曰俊，陈从喜，买光荣，等. 陆－陆碰撞造山带双前陆盆地模式——来自大别山、喜马拉雅和乌拉尔造山带的证据[J]. 地球学报，2000，21(1):7-65.

刘红杰. 博物馆科普展览内涵的创新与拓展——以陨石专题为例[J]. 文化创新比较研究，2018(24):157-159.

刘继平.金钱豹[J].河南林业，1999(5):50.

陆延清. 地质学基础[M]. 北京：石油工业出版社，2015.

罗婷. 中亚造山带西南缘石炭纪火山岩岩石成因、时空演化及其构造意义[D].武汉：中国地质大学(武汉)，2016.

罗振.当一块石头有了梦想——宝石[M].长春：吉林人民出版社，2014.

舒良树.普通地质学[M].北京：地质出版社，2010.

沈括.梦溪笔谈全译[M].胡道静，金良年，胡小静，译.贵阳：贵州人民出版社，1998.

宋述光，王梦珏，王潮，等. 大陆造山带碰撞－俯冲－折返－垮塌过程的岩浆作用及大陆地壳净生长[J]. 中国科学(地球科学)，2015(7):916-940.

田建平.关于毕昇及其活字印刷术[C]// 中国宋史研究会.宋史研究论丛 第7辑，2006.

汪彤.英山发现3株大别山五针松[N].湖北日报，2018-04-11(10).

汪成海.安徽麝的种群分布及保护措施[J].安徽林业，2010(3)：65-66.

王梦影.莫让穿山甲无“甲”可穿[N].中国青年报，2017-01-18(11).

王清晨.大别山造山带高压—超高压变质岩的折返过程[J].岩石学报，2013，29(5):1607-1620.

王帅. 水星探测意义及发展历程研究[J]. 国际太空，2018(11):6-11.

吴根耀. 造山带地层学[M]. 成都：四川科学技术出版社，2000.

项新葵，陈茂松，刘南庆，等. 华南造山带接触变质型石材矿床的成矿预测[J]. 石材，2007(5):22-30.

谢浩.专业老师教你买宝石[M].武汉：武汉大学出版社，2013.

徐俊传.马来鳄在我国棲息史初考[J].自然杂志，1983(6)：433.

杨经绥，许志琴，马昌前，等. 复合造山作用和中国中央造山带的科学问题[J]. 中国地质，2010(1): 1-11.

杨经绥，许志琴，张建新，等.中国主要高压—超高压变质带的大地构造背景及俯冲 / 折返机制的探讨[J].岩石学报，2009，25(7):1529-1560.

杨绍平,邹立,缪勉一,等.水文与工程地质专业实训指导书[M].北京:中国水利水电出版社,2015.

杨孝群,汤良杰,朱勇.滨里海盆地东缘盐构造特征及其与乌拉尔造山运动关系[J].高校地质学报,2011,17(2):318-326.

杨学祥,陈殿友,宋秀环,等.太阳系行星公转速度变化与低温灾害[J].长春科技大学学报,1999(4):344-348.

叶培建,邹乐洋,王大轶,等.中国深空探测领域发展及展望[J].国际太空,2018(10):4-10.

叶真华,刘琦.矿物和岩石鉴定实验指导书[M].上海:同济大学出版社,2015.

张丹丹,黄森.霍山石斛多糖对人胃癌细胞生长的抑制作用[J].食品与生物技术学报,2014,33(5):542-547.

张进江,王佳敏,王晓先,等.喜马拉雅造山带造山模式探讨[J].地质科学,2013(2):362-363.

张旗,翟明国.太古宙 TTG 岩石是什么含义?[J].岩石学报,2012,28(11):3446-3456.

张庆麟.珠宝玉石识别辞典[M].上海:上海科学技术出版社,2011.

张原庆,钱翔麟,李江海.造山作用的两大类型与成因差异[J].吉林大学学报(地球科学版),2002,32(1):5-10.

章德海."宇宙与生命"系列讲座之四——宇宙之大[J].现代物理知识,2008,20(4):8-11.

赵正阶.中国鸟类志(上卷)非雀形目[M].长春:吉林科学技术出版社,2001.

甄爱国,李世升.湖北省英山县珍稀濒危植物资源的调查[J].黄冈师范学院学报,2016,36(6):37-40.

郑大伟,虞南华.地球自转及其和地球物理现象的联系:日长变化[J].

地球物理学进展,1996(2):81–104.

周敬国. 从“大陆漂移说”到“板块构造学说”[J]. 科学 24 小时，2008(12):40–41.

朱江. 孔子鸟将改写鸟类进化的历史 [J]. 中学地理教学参考,1997(C1):6–7.

朱志澄,曾佐勋,樊光明. 构造地质学[M]. 武汉:中国地质大学出版社,2009.

邹鑫.太阳系八大行星名称的由来[J]. 地理教育，2008(4):18.

Anhaeusser C R，Mason R，Viljoen M J，et al. A reappraisal of some aspects of Precambrian shield geology[J]. Geological Society of America Bulletin，1969,80(11): 2175–2200.

Bliss N W，Stidolph P A. A review of the Rhodesian basement complex[J]. Geological Society of South Africa Special Publication,1969,2(1):305–333.

Bowring S A，Williams I S. Priscoan （4.00–4.03Ga）orthogneisses from northwestern Canada [J]. Contributions to Mineralogy and Petrology,1999,134(1):3–16.

Chopin C. Ultrahigh–pressure metamorphism: tracing continental crust into the mantle[J]. Earth and Planetary Science Letters,2003,212(1–2):0–14.

Condie K C. TTGs and adakites: are they both slab melts? [J]. Lithos，2005,80(1–4):33–44.

Hamilton W. The Uralides and the motion of the Russian and Siberian platforms[J]. Geological Society of America Bulletin，1970，81(9):2553–2576.

Liou J G ，Zhang R Y ，Ernst W G . Very high–pressure orogenic garnet peridotite s[J]. Proceedings of the National Academy of Sciences，2007，104(22):9116–9121.

Ramsay J G . Shear zone geometry: a review[J]. Journal of Structural Geology, 1980, 2(1-2):83-99.

Wilde S A, Valley J W, Peck W H, et al. Evidence from detrital zircons for the existence of continental crust and oceans on the Earth 4.4 Gyr ago[J]. Nature, 2001, 409(6817):175-178.

后 记

穿越地质时空，探索自然奥秘，黄冈大别山地质公园博物馆，这个跨越20多亿年的大别山地质演化史和大别山自然、生态、文化的全景画卷是否给你带来了无数的震撼与惊奇？

黄冈大别山地质公园博物馆，作为一座集生动的科普教育体验、人性化的功能分区、先进的展陈技术为一体的现代化智慧型博物馆，运用图文、实物、模型、三维动画、AR互动演示、电子地图等多种形式，全方位地介绍了公园内的地质知识和珍贵藏品，成为了解黄冈大别山世界地质公园及其造山带科学知识的重要科普平台，同时也成为黄冈市新的科学名片和旅游亮点。

在今后的建设和发展中，黄冈大别山地质公园博物馆将以提高公众的科学素质和环境保护意识为宗旨，通过多样化的科普方式，积极引导观众学习地球科学知识，保护地球家园，为实现人与自然和谐相处、推动地质公园可持续发展作出不懈的努力！

《边看边想——黄冈大别山地质公园博物馆背后的故事》的正式出版得到了中共黄冈市委、黄冈市人民政府、黄冈市自然资源局、黄冈大别山地质公园博物馆、麻城市自然资源局、罗田县自然资源局、英山县自然资源局、红安县自然资源局等各位领导和主管部门的鼎力支持，在此一并表示感谢！同时，也感谢书中所有被引著作、文献、图片的作者，为本书的科学性提供支撑。最后，特别感谢中国地质大学（武汉）黄冈大别山地质公园课题组全体师生的共同努力，使本读物得以成文。